Helmut Korherr

... UND SIE LIEBTEN AUSSEE!

Literarische Lebensbilder von
Nikolaus Lenau
Anna Plochl
Sigmund Freud
Hugo von Hofmannsthal

edition-o

Liebe bis zum Wahnsinn

Nikolaus Lenau
(1802–1850)

I.

Also dann, gehab dich wohl, lieber Max, auf bald. Und Max, mein Lieber! Lass mir die Sophie schön grüßen, ja?! Ich schau demnächst bei euch vorbei, versprochen!

... Endlich ist er fort. Hoffentlich hat diese Störung den Fluss meiner Dichtung nicht gehemmt. Ich muss mich auf meine Arbeit konzentrieren. Aber das versteht ein Dilettant wie Max Löwenthal halt nicht. Kommt einfach hereinspaziert und wünscht mir „Alles Gute zum Neuen Jahr"!

Dabei wird dieses überhaupt nichts Gutes bringen, höchstwahrscheinlich. Schon die Zahl „Vierundvierzig" ist so vierschrötig, dass ich allerlei Impertinenzen und Kalamitäten mit Sicherheit erwarte. Aber die Neujahrswünsche waren ja nur ein Vorwand.

Der Max ist doch eigentlich bloß im Namen seines Schriftstellervereines erschienen – mit der Bitte, dass ich zur Geburtstagsfestivität vom Grillparzer komme, am 15. Januar, 53 Jahre wird er, der Grillparzer. Jaja, sie wollen sich mit meiner Anwesenheit schmücken – als Aushängeschild sozusagen – aber nicht mit mir. Bitte ich habe nichts gegen den Grillparzer – den hätt' ich schon gern gesehen, aber ich fürchte Leute, die ich nicht näher kenne. Das heißt, sie sind mir geradezu zuwider, in solcher Masse, wie sie bei diesem Anlass zu erwarten sind. Und außerdem muss ich mit meinem „Don Juan" weitermachen. Das Thema fesselt mich.

Ja, ich habe vor, einen neuen „Don Juan" zu verfassen. Einen „Faust" hab ich ja schon geschrieben – und irgendwie gehören diese beiden Themen zusammen. Jawohl, ich will es wieder riskieren. Mir hat beim Faust die große Dichtung Goethes nicht geschadet, also kann ich mich auch an den Don Juan wagen.

Meinen Don Juan treibt die Sehnsucht, ein Frauenzimmer zu finden, welches ihm das inkarnierte Weibtum ist. Alle Frauen der Erde kann er ja doch nicht besitzen – ergo möchte er alles in Einer genießen. Aber er trifft diese vollendete Frau nicht und nicht – und so ergreift ihn endlich der Ekel – und das ist der Teufel, der ihn holt! Oder nein: Ekel wäre zu viel. Don Juan ist schließlich gesättigt bis zum Überdruss und verlöscht einfach wie eine Kerze.

Max war ziemlich beeindruckt von meinem Vorhaben ... aber vor allem hat er Angst gehabt, dass ich ein Theaterstück über dieses Thema verfasse. Er meint, wir beide könnten Konkurrenten sein. Na, ich hab ihn beruhigt, den Herrn Beamten. Keine Angst, mein Alter: Es wird ein dramatisches Gedicht werden – und im Übrigen betrachte ich diese Arbeit bloß als Privatspaß. Ich habe nicht vor, die Sache drucken zu lassen.

Daraufhin hat er mich bedrängt, nun, das kann ich ja verstehen, dass ich den „Don Juan" zumindest einmal vorlesen könnte – im kleinen Kreis bei ihm zu Haus. Ich hab ihm geantwortet: „Warum nicht, wenn es einmal so weit ist. Erst muss ich aber ein paar Seiten in den Händen halten."

Jaja, da war der gute Max begeistert, er wollte, dass ich dann – wenn es so weit ist – zu allererst, ihm und Sophie das Geschriebene vortrage. Ich sei ja auch schon so lange nicht bei ihnen gewesen, zu Besuch. Sophie mache ihm deshalb schon das Leben schwer. Sie vermisse meine Besuche. Auch die Kinder frügen unentwegt nach mir ... Nun schön, da hab ich halt „ja" gesagt – damit er nicht völlig erfolglos abziehen musste.

Ach Sophie, Sophie! Wie sehne ich mich nach dir!

Der gute Max, er weiß gar nicht, wie gut er es hat – so ein Produkt, wie es sein Ältester ist, der Arthur, das ist mehr wert als jedes Trauerspiel und jedes Epos! So einen Buben, wie den seinen muss man haben. Alles andere ist glänzendes Elend.

Mein Gott, ich habe die Hoffnung auf Nachwuchs und häusliches Glück an der Seite einer liebevollen Frau längst aufgegeben. Wahrscheinlich wäre ich der Gunst der unsterblichen Muse nicht würdig, wenn ich ihr nicht all mein Glück mit Freuden opferte.

Nun denn, ans Werk! Wo bin ich stehen geblieben? Ach ja: Don Juan und sein Gefährte reiten durch einen Wald, hinter ihnen zwölf Mädchen als Pagen verkleidet. Da gibt Don Juan Folgendes von sich: *Das Herz, in dem die Wesen alle gründen, der Born, worein sie sterbend alle münden, der Gott der Zeugung ist's, der Herr der Welt, die er, nie satt, in seinen Armen hält. Des Lebens Jubeln – ist sein Wonnestöhnen! Wenn ich des Weibes Blume mir gebrochen, war ich sein Hauch und seines Herzens Pochen.* Sooo – jetzt wendet sich Don Juan an die verkleideten Mädchen: *Ihr Dirnen, seid des Schwankes nun gewärtig. Ihr folgt ins Kloster mir als mein Geleite, in Pagenkleidern, knapp geschnürt und bärtig, das Haar im Wulst, den Degen an der Seite. Erst wenn wir mit den Mönchen Tafel halten, und ich zum Zeichen in die Laute greife, dann hat der Schwank zum Ausbruch seine Reife, ihr mögt allmählich, was ihr seid, entfalten.*

... Nun müsste sich die Szene verwandeln – zum Speisesaal eines Klosters ...

Ja, gut! Im Refektorium des Klosters sitzen an der Tafel Don Juan und sein Gefährte; ihnen gegenüber befinden sich die Mönche, je neben einer Dirne – der Abt ist noch abwesend. Don Juan gibt das verabredete Zeichen – die Dirnen entblättern sich und lassen dabei verlauten: *Schau, schau! Mitnichten zu verachten dünkt mir so ein Klosterjunge! Lustberedt ist seine Zunge, innig feurig ist sein Schmachten.* Daraufhin jubelt ein Mönchlein auf: *Juchhu! Ja, eine Dirne lustentbrannt schmeckt besser als ein Foliant!*

Und Don Juan verkündet: *Ja! Geübt sind diese Helden in Entzückung und Ekstasen, weil sie oft andächtig rasen vor den heiligen Gemälden. Doppelt feurig brennt die Glut, wenn sie wird in frohen Tagen auf ein Bildnis übertragen, das da lebt in Fleisch und Blut.*

Ein zweiter Mönch schreit auf: *Oh was war der Papst Gregor für ein grausamlicher Tor!* Und ein dritter: *Oh was war Gregor der Siebte für ein Narr, dass er nicht liebte!* Der vierte Mönch erkennt: *Zölibat, das Ungeheuer, liegt bei uns in düstrer Zelle. Weib, ich freie dich zur Stelle, auf geht mein Gelübd in Feuer.*

Die Mönche beginnen im Chor zu singen:

Ich weiß nicht, wie mir da geschieht,
Wie mich's an allen Sinnen zieht?!
So kochte niemals noch mein Blut,

Mir ist ganz wunderlich zumut.
Wie diese roten Wangen glühn.
Ein volles, frisches Leben sprühn!
Umschlinge mich mit deinen warmen
Und wonnereichen Liebesarmen!

Jetzt erscheint der Abt des Klosters in der Tür: *Sündenpest, Gestank der Hölle! Oh dass Gottes Zorn in Wettern stromweis auf euch niederquölle, euch Verruchte zu zerschmettern! Hündisch geile Sinnenknechte! Gott, bewaffne meine Rechte!*

Don Juan entgegnet ihm: *Herr, dein Aufruf wird zuschanden, dein Flagellum nimm zu Handen! Sieh, schon leer ist manche Stelle, der und jener ist entwichen, hat sich still davongeschlichen, mit der Dirne in die Zelle.*

II.

Don Juan klettert über die Mauer in den Rosengarten seiner Angebeteten und sagt dabei: *Mich wundert's, wunderschönste aller Frauen, in einem schönen Garten Euch zu schauen.*

Die Dame entgegnet scherzend: *Mich wundert's, Herr, lehrt Euch nicht meine Stelle, wie gerne Gleiches Gleichem sich geselle.*

Darauf Don Juan: *Die Rosen müssten schaudern und erbleichen, und welk von jedem Strauch die Blätter weichen, sobald Ihr, schönste Dame, naht heran, verstünde die Natur, was sie getan.*

Nachdem ihr dieses Götterbild entstand, wie mag sie noch mit Niedrem sich befassen, wie mag sie nicht die schöpferische Hand von Blum und Blatt verdrossen sinken lassen?

Er nähert sich der Dame, diese weicht zurück und bemerkt: *Ihr fandet mich in dieser Blumen Mitte einsam – so mögen Euch die Blumen lehren und mahnen Euch der ritterlichen Sitte, mit mir nur wie mit Blumen zu verkehren.*

Darauf Don Juan: *Ihr habt an diese Blumen mich verwiesen, so wähl ich meinen Anwalt unter diesen: Ei, Rose, sprich: Beherrschest du dein Drängen, den Duft des Herzens in die Luft zu sprengen? – Oh Dame, neigt zur Ros Euch, atmet ein in Eure Brust der Blume süßes „Nein"!*

Dame: *Don Juan, mein Gatte naht mit schnellem Schritt vom Schlosse her – nehmt dies zur Antwort mit: In Eurer Rede, die so schmeichelnd flutet, hat mich's wie Frühlingsfächeln angemutet.*

Don Juan entfernt sich rasch.

... Mein Werk hat Sophie nicht gefallen.

Frau von Löwenthal war zuviel an „geradezu skrupelloser Triebhaftigkeit" vorhanden, dafür fehlte ihr jeglicher Begriff von Anstand und Moral.

Da sprach aber stark die römisch katholische Kirche aus der werten Freundin. Sie war überhaupt gegen dieses Thema! Sie meinte, dass sei doch schon viel zu oft da gewesen. Bei einem Stoff wie den „Don Juan" müsse doch das Augenmerk weniger auf die Handlung als auf die Behandlung fallen.

Darauf hatte ich nur ein: „Na und? Jeder Dichter ist wie jeder Mensch ein eigentümliches Ich. Shakespeare erfand sich nie einen Stoff. Aber das blöde Volk merkt nicht, dass in der Ausführung selbst, in der Wahl dieser oder jener Szene, dieses oder jenes Ausdrucks, im Aufsetzen der passenden Farbe und Stimmung beim Dichter wie beim Maler eben die höchste Meisterschaft liegt. Der Faust – als Beispiel – ist kein Monopol Goethes – und beim Don Juan verhält es sich ebenso."

Da musste natürlich auch noch Max, der kaiserlich-königliche Rat, seinen weisen Kommentar dazu abgeben: „Dieses Gedicht, mein lieber Niembsch, ist meines Dafürhaltens nicht für die große Allgemeinheit bestimmt, sondern eher für eine schmale Schicht der Gebildeten."

Verständlich, dass ich ihn daraufhin ärgern musste. Ich bedeute ihm, dass mir eine größere Leserschaft lieber sei – und dass ich den Don Juan nach seiner Fertigstellung für sich alleine erscheinen lassen werde, in einem eigenen Band. Ich habe das mit meinem Verleger in Stuttgart schon brieflich abgesprochen. Diese Worte haben den guten Max dann verstummen lassen und er ist bald danach zu Bett gegangen – so dass ich mit der Sophie alleine sein konnte, unter vier Augen, endlich. Und was macht sie dann sogleich? Sie macht mir Vorwürfe! Weil ich sie so lange Zeit vernachlässigt habe. Ich gestehe ihr, dass ich mir die Liebe zu ihr aus der Brust reißen wollte, allein: es ging nicht. Und um mich noch mehr zu quälen, trällert sie leichthin:

„Also hast du doch hin und wieder an mich gedacht, in den vergangenen Wochen?“

Da bricht es aus mir heraus: „Nicht hin und wieder – ständig! Du warst es doch, die mir ein Vaterland gegeben, die mir den Wurm des Zweifels an Gott und der Welt zerdrückt. Deine Zuneigung hat den Sturm meines Hasses gestillt. Liebste Sophie, du bist an Geist und Herz so mächtig wie wenige deines Geschlechts. Du hast das für mich getan, was die andere teure Frau so gerne für mich getan hätte!“

Sie wusste sogleich, dass ich damit meine liebe selige Frau Mutter meinte. Ihr war ich von Geburt an das Liebste gewesen. Nun wurde ich zum vierten Kind von Sophie. Sie beschloss lächelnd, mich an Kindes statt anzunehmen.

... Oh, sie kann ja so süß sein ...

Ach könnte ich doch meine Seele anschneiden! Da könnte sie sehen, wie sie inwendig ganz von ihr durchdrungen ist.

Seit mehr als zehn Jahren müssen wir uns mit dem Bruchstück eines Freudenhimmels begnügen. Aber dieses unvollkommene Stück Glück ist wertvoller als das Glück von Tausenden in seiner kümmerlichen Vollständigkeit.

Und Max gönnt uns anscheinend unser harmloses Glück auch weiterhin. Nun ja, seine Ehre als Ehemann ist ja dadurch nicht gefährdet ...

Sophie ist mir so das Äußerste meiner Wünsche geworden, dass ich, wenn ich nicht bei ihr bin, mich nirgendwo anders hinsehne als in den Tod. Und selbst diese Sehnsucht, die ich in letzter Zeit andauernd hatte, ist mir nur durch die Hoffnung erträglich, dass ich sie dort wieder finden könnte.

Ja, ganz bestimmt. Dort drüben, in dieser anderen Welt, da gilt unsere Liebe in ihrem ewigen Recht.

III.

Die dunklen Wolken hingen
Herab so bang und schwer,
Wir beide traurig gingen
Im Garten hin und her.

So heiß und stumm, so trübe
Und sternlos war die Nacht,
So ganz, wie unsre Liebe,
Zu Tränen nur gemacht.
Und als ich musste scheiden
Und gute Nacht dir bot,
Wünscht' ich bekümmert beiden
Im Herzen uns den Tod.

... Ich halte mich für ziemlich ruiniert. Es ist etwas in meinem Organismus, das heraus will – doch die Poren sind zu klein für diese Krankheit. Wer weiß, ob ich den „Don Juan" noch fertig bringe.

Nun schön, mit Vierzig hat man eben die Lebenshöhe erklommen und so geht es nun bei mir seit zwei Jahren holpernd und stürzend talab, mit immer mehr beschleunigter Geschwindigkeit. Gut, ich habe mich auch nicht geschont, niemals. Wenn die anderen besonnenen klugen Leute sorgfältig die Schlafmütze auf ihre hohlen Schädel stülpten, da habe ich halt mein Haupt der Sonne und dem wilden Wetter preisgegeben.

Ach, diese dumme Schriftstellerei! Sophies Mann sein, das wäre das einzig Gescheite für mich.

Mein Dichterruhm ist ein jämmerlicher Ersatz für ein verfehltes Leben. Oh, wie ich sie liebe, bis zum Wahnsinn! Ich würde sterben, wenn ich sie verlöre.

Aber ich habe eben unser heiliges Motto zu beherzigen: „Freudig kämpfen und entsagen!" Ja, das haben wir beide einander geschworen, Sophie und ich. Freudig kämpfen und entsagen ...

Max ist gut, er ist seinen Kindern ein guter Vater, er ist mir auch ein wirklich guter Freund. Ja ... aber es ist verrückt: Ich fühle stets etwas Fremdes und Verletzendes darin, dass die Kinder nicht auch meine Kinder sind ...

Auf jeden Fall bin ich froh, dass wir das Vertrauen von Max nie missbraucht haben. Zum Abschied gewährte mir Sophie schließlich doch noch einen Kuss. Ja, das war ein Trunk aus allerbester Quelle, auch wenn ich ihn mir erbetteln musste. Sie ließ mich schließlich nicht gänzlich verdursten. Gottlob.

Dabei haben wir einander schon oft geküsst ... und es wühlte mich jedes Mal furchtbar auf. Dieses Mal hat es mich aber noch entsetzlicher aufgeregt als alle anderen Male zuvor ... es wird immer schlimmer ... dieses Verlangen ... unbezwingbar ...

Ja, ich trage zwei Todfeinde in mir herum – wie Feuer und Stahl, um damit plötzlich den zerstörerischen Blitz heraus zu schlagen. Diese Todfeinde sind mein leidenschaftliches Gemüt und meine allzu reizbaren Nerven.

Ich möchte all meine Schriften mit Füßen treten, wenn sie sich einbilden wollen, mich darüber zu trösten oder vergessen zu machen, dass Sophie nicht die Meine ist!

... Ja, der Kuss war bloß ein kleines Schlückchen, ein „Küsschen", aber er muss reichen.

Es wäre ja fast eine Versündigung an ihrer Seele, wenn mir ihr körperlicher Besitz unentbehrlich wäre – und doch ist ihr Leib so schön und seelenvoll, dass ich meine, ich hätte ihre Seele noch mehr inne, wenn auch ihr Leib mir zufallen dürfte!

Jedoch, was soll's: Es geht nicht, da hilft alles nichts, das muss ich einsehen. Erst im Jenseits dürfen wir einander zugehören, in reiner Liebe – das wird uns selig machen.

... Es ist irrsinnige Liebe, die mich treibt ...

Lieber alle Qualen der Hölle, als dass Sophie nicht die Meine wird!

Ach, wärst du mein, es wär ein schönes Leben!
So aber ist's Entsagen nur und Trauern,
Nur ein verlornes Grollen und Bedauern;
Ich kann es meinem Schicksal nicht vergeben.

Undank tut wohl und jedes Leid der Erde;
Ja! meine Freund' in Särgen, Leich an Leiche,
Sind Freudenbilder mir, wenn ich's vergleiche
Dem Schmerz, dass ich dich nie besitzen werde.

... Fort!!!!

Ich muss fort! Nur fort von hier! Fort von Sophie! Fort aus Wien!

Doch wohin? Aussee wäre mir das Liebste – das ist wahrhaftig eine gottvolle Gegend, abgeschieden, unvergleichlich – ringsum von Bergen umhüllt, und in der Ferne glänzt das ewige Eis des Dachsteins wie der erhabene Sitz des Gottes des Geistes ... Unvergesslich ist mir der Weg rund um den Alpensee von Aussee ... das dunkle, fast schwarze Wasser ist wie ein Abbild meiner Seele ...

Die Gegend ist von unerschöpflicher Schönheit.

In Aussee hab ich 2 Almerinnen singen gehört. Welche Stimmen! Eine schwindelnde Höhe, wie die der steirischen Felsen, eine Reinheit, wie die der Alpenluft, und eine süße Stärke gleich jener des steirischen Weins. Es war herrlich ...

Ich habe damals den Faust um das „Waldgespräch" vermehrt, es wurde eine ziemlich lange und, wie ich glaube, gute Szene.

Für eine kurze Weile kam mir der Gedanke, mir in Aussee ein Häuschen zu errichten, auf einem Hügel mit unvergleichlichem Rundblick. Aber ein „fester Musensitz" ist nichts für mich, mich treibt's durch die Welt, ich bin eben ein Zigeuner ...

Die Felsen schroff und wild,
Der See, die Waldumnachtung,
Sind dir ein stilles Bild
Tiefsinniger Betrachtung.
Und dort, mit Donnerhall
Hineilend zwischen Steinen,
Lässt dir der Wasserfall
Die kühne Tat erscheinen.
Du sollst, gleich jenem Teich,
Betrachtend dich verschließen;
Dann kühn, dem Bache gleich,
Zur Tat hinunter schießen.

IV.

Baden-Baden war eine gute Wahl. Hier, wo alle vom Glücksspiel besessen sind, kann ich wie ein Besessener an meinem „Don Juan" weiter schreiben.

Don Juan jubelt: *Den Zauberkreis, den unermesslich weiten, von vielfach reizend schönen Weiblichkeiten möcht ich durchziehn im Sturme des Genusses, am Mund der letzten sterben eines Kusses.*

Oh ja, durch alle Räume möcht ich fliegen, wo eine Schönheit blüht, hinknien vor jede, und, wär's auch nur für Augenblicke, siegen.

Ja, mit den Zeiten selbst leb ich in Fehde.

Zusammenwerfen möcht ich Raum und Zeit!

Die Leidenschaft ist wild und überschwänglich, weil sie der Durst verzehrt nach Ewigkeit – drum seht ihr sie so flüchtig und vergänglich.

Wenn ich ein schönes Mädchenkind erblicke, so muss ich grollen dem Geschicke, dass ich und sie nicht wurden Zeitgenossen –

ich bin ein Greis, bis ihre Blüt' erschlossen.

Und schau ich eine stattliche Matrone, von der noch jetzt entzückte Alte sagen: „Einst war sie reizend, aller Schönheit Krone!"

So möcht ich wandeln in vergangnen Tagen.

Zuweilen auch ist seltsam mir zumut, als wäre, was mir durch die Adern zieht, entfremdet einem höheren Gebiet, ein Geist, verirrt, verschlagen in mein Blut, dass jeder Tropfen pocht in trunkner Wut. Es fühlt der Geist, der alles will umfassen, im einzlen sich verkerkert und verlassen! Er ist es, der mich ewig dürsten heißt und mich von Weib zu Weib verderblich reißt.

... Jawohl, hier in Baden-Baden herrscht genussjägerisches Leben aller Art! Deswegen bin ich doch auch hergefahren. In dieser Atmosphäre, im Angesicht der Spieltische, wo gleißendes Gold winkt, hier werde ich meinen „Don Juan" vollenden können ...

Die Arbeit tut mir wohl.

Ja, all meine Leiden sind so ziemlich geheilt. Ich fühle mich wie neugeboren, seit gestern. Jawohl: seit gestern! Da waren beim Abendessen im Saal vom „Englischen Hof" nur noch drei Damen anwesend, ich kam neben die jüngste davon zu sitzen – und auf die unbefangenste Weise – ich staunte über mich selbst – knüpfte ich ein Gespräch an. Jaja, ich bin schon zu einigem imstande – in mir steckt augenscheinlich mehr als ich dachte. Während dieser angeregten Unterhaltung spürte ich, dass ich diesem Mädchen – bitte, es ist bereits in die reiferen Mädchenjahre eingetreten, umso besser, aber sie ist schön, schön bis ins Herz hinein – also, ich bin mir sicher, dass ich ihr nicht gleichgültig bin.

Jawohl, sie hat Zuneigung zu mir gefasst, eindeutig. Und dabei weiß sie noch gar nicht, dass ich der Nikolaus Lenau bin!

Ach, das war's, was ich schon lange mir ersehnt, was ich schon auf ewig für verloren glaubte – und jetzt ist es da wie ein leuchtendes Gnadengeschenk! Himmel: Ich danke dir!

Und es ist doch nur ganz natürlich, dass ich mich nun mit Heiratsgedanken trage. Jawohl, und zwar in der ernsthaftesten Weise. Im Falle einer Vermählung würde ich mich in Heidelberg ansiedeln. Ich könnte sogar meine Abneigung gegen den Staatsdienst überwinden und als Dozent der Philosophie habilitieren. Als Familienvater braucht man einen sicheren Brotberuf. Das versteht sich doch von selbst ...

Es ist schon seltsam, dass ich in dieser Stimmung, die ganz auf treue Begründung eines in sich zufriedenen Bundes gerichtet ist, dass ich da gleichzeitig so große Lust habe, an meinem liederlichen „Don Juan" zu schaffen. Gewiss wirkt der Kontrast. Außerdem schreit das Werk nach Vollendung. Also, an die Arbeit!

Don Juan spricht: *Ich habe manches Weib mit starken Krallen aufs Lager des Verlangens hingerissen und fühlte nie was von Gewissensbissen, wenn sie aus meinem Bett ins Grab gefallen. Denn reich vergalt ich ihr in einer Stunde, was ich zerschlug, wie Hagel das Getreide, an blödem Glück, an matter Herzensfreude. Sie ging nicht stumpf und unerquickt zugrunde – ich hatte sie entrückt dem schnöden Gleise, worin sonst Frau'n verkommen sacht und leise. Sie träumen Liebe, lachen, weinen, beten und haben, welkend mit den Werkeljahren, die hohe See der Wonne nie befahren, das Eiland ihrer Sehnsucht nie betreten. O Tropenland der heißen Liebeskraft! O Zauberwildnis tiefer Leidenschaft! Wo vollen Schlags die trunknen Herzen wallen, wo, wie der Leu sich auf die Beute schwingt, der Liebestrieb hervor urplötzlich springt, um das entzückte Opfer anzufallen!*

Hinaus und fort nach immer neuen Siegen –
Solang der Jugend Feuerpulse fliegen!

Ich fliehe Überdruss und Lustermattung, die einzle kränkend, schwärm ich für die Gattung.

Der Odem einer Frau, heut Frühlingsduft, drückt morgen mich vielleicht wie Kerkerluft.

Wenn wechselnd ich mit meiner Liebe wandre – im weiten Kreis der schönen Frauen, ist meine Lieb an jeder eine andre ...

Nicht aus Ruinen will ich Tempel bauen.

Ja! Leidenschaft ist immer nur die neue. Sie lässt sich nicht von der zu jener bringen, sie kann nur sterben hier, dort neu entspringen – und kennt sie sich, so weiß sie nichts von Reue.

Wie jede Schönheit einzig in der Welt, so ist es auch die Lieb, der sie gefällt.

Nie fühlt ich Reue, wenn ich die verlassen, die mich auf ewig meinte zu umfassen. Sie träumte süß, ich ließ es gar geschehen, wenn sie mir sprach von Jenseitswiedersehen. Denn, was den Reiz der Schönen noch erhebt, was sie zu tieferen Genüssen weiht, ist solcher Wahn, ein Duft von Ewigkeit, der über einem Frauenherzen schwebt.

... Mein Gott, Niembsch, wenn dich einst jemand ansprach auf deinen Junggesellenstand, da warst du allzeit entschieden gegen die Ehe. „Die Ehe ist ein unnatürliches und somit unmoralisches Institut!" – hab ich behauptet. Nun, gut: Jetzt muss der Pegasus vor den Pflug. Vom Dichten allein werde ich schwerlich eine Familie ernähren können.

V.

Ich hab mich ehrlich auf Wien gefreut – obwohl ich weiß, dass es im Sommer unerträglich heiß ist in Wien. Bitte, mir wurde ja unverhofft kalt. Bei meiner Visite hat mich Sophie äußerst kühl und vorwurfsvoll empfangen.

Der Grund dafür stellte sich bald heraus. Sophie hatte durch die Zeitungen von meiner Verlobung und den ernsten Heiratsabsichten erfahren. „Es habe sie wie ein Blitz getroffen" – klagte sie.

„Bitte, bitte sehr", sagte ich daraufhin zu ihr, „dann heirate ich eben nicht. Doch dann muss ich mich erschießen. Weil so wie bisher weiterleben möcht' ich keinesfalls."

Jetzt wollte sie alles über meine Verlobte wissen, vor allem, wie alt sie sei und dann, wie viel diese in die Ehe mitbringe?

„Sie heißt Maria Behrends, ist etwa so alt wie du und die Tochter eines gewesenen Bürgermeisters von Frankfurt am Main. Die Mitgift ist nicht so hoch als ich anfangs dachte. Ich habe leider zu spät erfahren, dass ein Bürgermeister in Frankfurt nicht besonders wohlhabend sein muss. Dort wird nämlich jedes Jahr neu gewählt. In anderen deutschen Städten, so wie ich es wusste, da ist man Bürgermeister auf Lebenszeit – da kommen nur sehr reiche Männer für dieses Amt in Frage."

Als Sophie dies vernahm, warnte sie mich eindringlich: „Stürze dich doch nicht Hals über Kopf in Nahrungssorgen. Dafür bist du nicht geschaffen!"

Nun ja, auch eine Sophie Löwenthal muss nicht immer Recht behalten. Die Aussicht auf ein geregeltes Familienleben, die Freude auf einen häuslichen Herd – das kann einen Mann schon beflügeln. Man bleibt nicht derselbe ein Leben lang!

Sophie gestand mir, dass für sie der Gedanke, die Beglückung des teuersten Menschen einer anderen überlassen zu müssen, kaum zu ertragen sei. Sie wolle mich nicht verlieren. Und dann begann Sophie leise zu weinen.

Mir zerriss es fast das Herz. Ich versuchte sie zu beruhigen: „Sophie, allerliebste Sophie! Meine Gesinnung gegen dich ist unwandelbar und durch die tiefsten Schmerzen verbürgt und geweiht. Hör auf zu weinen, hör bitte zu: Marie und ich werden uns in Wien niederlassen. Du bist und bleibst meine Muse. Fürchte nicht das Undenkbare, dass ich undankbar sein könnte. Der innige Zusammenhang mit dir kann meinem Geist und Herzen niemals entbehrlich werden.

Da ich meine Braut ja erst seit kurzem kenne, kann es ihr gegenüber kein Unrecht sein, wenn ich erkläre, dass in allen Lebensstürmen dein Bild nie wankte, liebste Sophie. Wir sind eine weite Strecke Zeit voll Liebe und Leid zusammen gegangen. Marie versteht das und weiß davon. Wir dürfen sie in unseren Bund mit Vertrauen mit einbeziehen – so können wir zu dritt ein glückseliges Dasein genießen."

Sophie blickte mich innig an – da platze Max herein, holtertipolter – wie es halt seine Art ist. Er gratulierte mir zur Verlobung und schloss mich in seine Arme.

Naja, ich kann seine Erleichterung verstehen ... Vollends beruhigt war er, als ich ihm bekundete: „Ja, mein Alter, die Begegnung mit dieser Frau war der letzte Versuch, die letzte Anfrage des Schicksals oder vielmehr Gottes an mich, ob ich nicht doch noch vor meinem Ende glücklich werden wolle. Und ich habe mit einem herzhaften ‚Ja' geantwortet! Über mein Leben ist ein freudiger Friede gekommen, wie ich ihn diesseits nicht mehr zu erhalten hoffte."

Dann erzählte ich ihm noch, dass Gotta, mein Verleger, mir in Stuttgart die Rechte auf alle Schriften für ein hübsches Sümmchen abgekauft habe.

Max wollte den Vertrag sehen. Kein Problem, ich hatte ihn ja zu diesem Zweck bei mir. Max versteht etwas von diesen Dingen.

Heut am Nachmittag soll ich deswegen zu ihm ins Amt ... Vormittags war ich bei meiner Mutter, am Friedhof. Fünfzehn Jahre ist es nun schon her, seit sie mich verlassen hat. Ach, Mutter, warum bist du so früh von mir gegangen. Keine Frau wird mich je so lieben wie du!

Ich trag im Herzen eine tiefe Wunde,
Und will sie stumm bis an mein Ende tragen.
Ich fühl' ihr rastlos immer tiefres Nagen,
Und wie das Leben bricht von Stund zu Stunde.

Nur Eine weiß ich, der ich meine Kunde
Vertrauen möchte und ihr Alles sagen.
Könnt ich an ihrem Halse schluchzen, klagen!
Die Eine aber liegt verscharrt im Grunde.
O Mutter, komm, lass dich mein Flehn bewegen!
Wenn deine Liebe noch im Tode wacht,
Und wenn du darfst, wie einst,
Dein Kind noch pflegen,
So lass mich bald aus diesem Leben scheiden,
Ich sehne mich nach einer stillen Nacht,
O hilf dem Schmerz dein müdes Kind entkleiden.

Ach, Liebste, Mutter, liebste Mutter, ich hab dir eine Neuigkeit zu beichten: Ich werde heiraten ... Nicht Sophie, eine andere, Marie heißt sie ... Ja, Mama, ich weiß, du liebst Sophie ... bitte, du bist sie halt auch gewohnt ... Sie ist jahrelang mein Lebensglück gewesen, ich muss Sophie schonen, das weiß ich schon ... Nein, ich tu ihr nicht weh, Mama ... Seit Tagen foltert mich beständiges Kopfweh, Appetit habe ich keinen, Husten und Schnupfen kündigen sich an … Jaja, die Leiden sind gesellig wie die Raben, sie kommen in schwarzen Scharen.

Aber meine Marie wird sie mir verscheuchen – ich glaub', sie kann das … Du, Mama, das ist ein Mädel, die Marie, ein Mädel ist das! … Sie wird dir schon gefallen, ganz bestimmt, das weiß ich, du wirst sie sicher mögen … Ich habe ein kleines Haus für uns gefunden, in Mödling – es steht zum Verkauf frei. Ich muss den Preis nur noch ein wenig runterhandeln … Ach, Mutter, hundert Ungewissheiten plagen mich. Ich hab' viel durchzumachen … Die Sophie hat schon recht, wenn sie meint, ich soll mir alles gründlich überlegen bei meiner Vermögenslage … Allein die Aussicht auf die künftigen praktischen Umtriebe drückt auf mein Gemüt … Mir ist, als sei ich unter den Pöbel geraten.

Mein Genius, der bisher so frei gelebt, wird missmutig und fragt mich, ob ich ihn als Knecht verdingen wolle. Am Abend geh ich zu Max; er wird mir sagen, ob mein Verlagsvertrag in Ordnung ist.

Am Abend bei den Löwenthals kam es dann an den Tag.

„Was sagst du da, Max, das kann nicht sein?! Mit dem Papier werde ich mir selbst zum Feind? – Ich habe mir den Vertrag doch auch durchgelesen.

Naja, du hast ja Recht, ich versteh nichts davon. Also, du behauptest, jede neue Auflage meiner Werke wäre demnach ein Dolchstoß für mich? Wieso?! Aha, der Ablösungsbetrag ist nicht angemessen genug, zumal die Auszahlung so langsam erfolgen soll und dabei von Verzinsung keine Rede ist … Gut, nun denn: Ich reise sofort nach Stuttgart und werde dort eine Verbesserung der Bedingungen erwirken. Gotta wird mir schon willfahren, mit Sicherheit!

Schließlich bin ich es ja gewesen, der ihn zu dieser Abmachung drängte. Was denn noch? Ja gut: Ich werde auf einer Verzinsung des Kapitals bestehen oder einer sofortigen Auszahlung der Gesamtsumme. Jaja, ich mach das schon. Du kannst dich auf mich verlassen, mein Alter! Und Dankeschön! Ich fahr auf der Stelle nach Stuttgart!“

VI.

Oh, meine Nerven, mein unglückseliges Sonnengeflecht! Jetzt bin ich extra nach Stuttgart gekommen und habe doch nichts erreicht. Gotta wird zweifellos mein Kapital verzinsen. Darauf kann ich schon vertrauen. Aber sein Teilhaber ist noch nicht aus Italien zurück, und mit ihm muss er die Änderung des Vertrags der Form halber besprechen.

Meine Gesundheit leidet unter diesen Aufregungen. In der jetzigen Lage kann ich an ein Heiraten kaum denken. Beinahe bin ich schon entschlossen, es fehlt nur noch sehr wenig, entschieden zurückzutreten.

Das treibt mir das Wasser in die Augen ...

Da gibt's eine Region der menschlichen Nerven, die ewig unberührt bleiben sollte, ein tiefer Grund, wo immer eine weihevolle Stille, eine geheime Ruhe walten muss. Ich habe diese heilige Region aufgeregt durch die Strapazen dieses Jahres – und jetzt wimmelt es unselig. In den beiden Sommermonaten habe ich 644 Stunden in der Postkutsche verbracht. Ja, ich habe mir das zusammengezählt. Niembsch, Niembsch, mein armer Niembsch, das war zu viel für dich!

Jedoch eines ist mir nun völlig und endgültig klar geworden: Sophie ist mein Glück und meine Wunde! Sie ist voll Herz und Geist. Da gibt es nichts, worin sie mir nicht ebenbürtig wäre, nichts, worüber ich mit ihr nicht sprechen könnte. Oft ist sie mir sogar überlegen, in vielen Dingen. Sie versteht mich wie keine andere.

Ach, lieber Gott hilf dem Niembsch in seiner Not!

Jaja, Gott wird mich nicht im Stich lassen, auf ihn baue ich, an ihn glaube ich – und der Glaube kann ja bekanntlich Berge versetzen! Wir werden alle noch recht glücklich werden! Ich gebe das viele Reisen auf, lasse mich in Wien nieder, arbeite und lebe nur noch für meine Marie. Ja, Marie ist mein Glück – das ist mir inzwischen völlig und endgültig klar geworden. Sie ist mein Glück und mein Leben!

Der Teufel hole meine Nerven! Vielmehr, er hat sie schon geholt und spannt sie über seine Geige und spielt mir die grässlichsten Weisen darauf. Ahhhh! Aufhören! Schluss damit!

Falls, wie es scheint, meine Gesundheit schwindet und meine poetische Produktion versiegt, so wird's schlimm. Wie und wovon existieren??!!

Mir saust der Kopf und alle Gedanken fallen auseinander.

Wenn ich mir vorstelle, dass ich anschließend nach Frankfurt soll, um dort über tausend notwendige Widerwärtigkeiten, die wie ein Gebirge von Glasscherben vor mir liegen, zu verhandeln, so schaudert's mich. Unterhandlungen mit Schwiegervätern liegen mir ganz und gar nicht. Aber in Frankfurt kann ich meine Marie endlich wieder sehen, die Gute hat gewiss schon starke Sehnsucht nach mir. Ich bin völlig zerrissen: Eine Hälfte ist in Frankfurt, die andere in Wien.

Niembsch, Niembsch, was bist du für ein schlechter Ehekandidat! In welche neuen Kämpfe und Zerwürfnisse würde dich eine Lösung der Verlobung führen. Nein, nein, das geht nicht.

Die Marie erhält sicherlich noch mehr an Mitgift ... darum werde ich bitten ... Ja, das mache ich – wenn ich wieder bei Kräften bin. Hab ich mehr Geld, dann kann ich sie nehmen.

In die Frohn geh' ich nicht, ich bin Dichter und kein Staatsbeamter – und mag darüber auch ganz Deutschland die Nase rümpfen.

Sicher, die Ehe mit Marie wäre der beste Ausweg, falls sie eine einigermaßen sichere Basis kriegt, in pekuniärer Hinsicht, nicht wahr – oder nicht?

Ach Sophie, ich habe ein Gedicht verfasst, für dich – es wird dir gefallen, ich sende es dir mit diesem Brief:

Wahnsinnig sein und träumend immer meinen,
Dass meine Lippen brennen auf den deinen –
Wie möcht ich das! Wie möcht ich das!
Ach, wie gerne möcht ich sein
Die Luft, die deine Brust still atmet ein!
Glichen meine Pulse doch den Wellen,
Die badend um den Götterleib dir quellen.
Die kosend um die schönen Glieder kreisen
Und süßbetäubt durch sie hinunterreisen!
Wär' ich der Lichtstrahl, der aus Abendglut,
Bis dass er hinstirbt, auf deinem Antlitz ruht,
Das Mondlicht, das die Frühlingsnacht belehrt,
Wie schön du bist und sich an dir verklärt!

Wie Abendglut und Mondeshuldigungen
Hielt ich dich gern bis in den Tod umschlungen.
So lieb ich dich und deinen Zauberkuss,
Dass sich mein Herz nach Treue sehnen muss.
Wahnsinnig sein und träumend immer meinen,
Dass meine Lippen brennen auf den deinen –
Wie möcht ich das! Wie möcht ich das!

Post Scriptum: Liebe Sophie! Es ist ein Wunder geschehen. Alle Mittel des Arztes halfen nichts – da nahm ich meine Geige, spielte einen steirischen Landler, tanzte dazu selbst und stampfte dabei wütend in den Boden – so dass das Zimmer bebte. Sie werden das Alles in den Zeitungen lesen. Ich wurde heiß und beweglich und: O Wunder! Ich war gesund!!!

Ja, ich bin gesund, wieder völlig gesund! Gott sei Dank!

VII.

Was mach ich bloß hier in Stuttgart? In dieser unfreundlichen Kammer?

Ich will fort! Auf der Stelle! Hört ihr nicht? Ich will raus!

Na, dann eben durchs Fenster!

In die Freiheit will ich!!! Hört ihr?! Freiheit!

Wo bin ich? Oh, in welche Mörderhände bin ich da gefallen?! Eine österreichische Armee wird mich rächen und über ganz Schwaben herfallen! Weg da! Fasst mich nicht an! Ich bin der heilige Miklos, König von Ungarn!!

Ich weiß genau, dass das hier eine Irrenanstalt ist. Ganz genau weiß ich das. Folglich kann ich gar nicht irre sein. Ein echter Irrer wüsste das nicht.

Also los, sperrt die Türe auf! Das ganze ist ein Irrtum, ein fataler Irrtum!

Ich brauche keinen Arzt. Der Arzt kann mir nicht helfen.

Obwohl – etwas müde bin ich jetzt schon ...

Jaja, die Ärzte! Sie haben lange an mir herumkuriert – da hab' ich bloß meine Geige angesehen und bin davon gesund geworden.

Ah, der Herr Doktor. Endlich! Ich fühle mich ein wenig schwach. Meine Gesundheit scheint tatsächlich etwas angegriffen, doch ich werde mich schnell wieder erholen. Es schlummern ungeahnte Kräfte in mir. Jawohl, das können Sie mir ruhig glauben, mein lieber Doktor.

Ja wirklich, lieber Freund, unter uns, ganz im Geheimen: Ich bin Don Juan, der Liebling der Frauen!

Aber auch Don Juan braucht einmal Ruhe ...

Ich werde jetzt heiraten, die Marie, es ist an der Zeit; ich bin ja doch schon etwas in die Jahre gekommen, jaja, da mach ich mir nichts vor!! Das wird eine Musterehe! Ihr werdet staunen. Die ganze Welt wird über mich staunen!

Hallo, Mama! Ich sag dir was: Der kleine Niembsch ist ein großer Dichter!

1847 lässt Max Löwenthal seinen Freund von Deutschland nach Wien/Oberdöbling überführen – in die psychiatrische Heilanstalt, um sich gemeinsam mit seiner Gattin Sophie besser um Lenau kümmern zu können.

Ach, endlich! Sophie! Da bist du ja, nackt und bloß – wie schön du bist! Überirdisch schön ... Warte nur, einen kleinen Augenblick – ich werde mich auch meiner Kleidung entledigen. Sophie! Nun wirst du die Meine! Ich bin glücklich! So unendlich glücklich!!! Endlich bist du mein!!!

Nikolaus Lenau – eigentlich Niembsch Edler von Strehlenau – stirbt am 22. August 1850 in geistiger Umnachtung.

Erzherzog Johanns große Liebe

Anna Plochl (1804–1885)

I.

Jaja, ich weiß schon: Jetzt sollte es eigentlich schon genug sein mit dem Weinen und Klagen – aber für so einen Mann, da ist *ein* Jahr zum Trauern einfach zu wenig.

Er hat sich sein Lebtag lang unentwegt und unverdrossen für das Gute eingesetzt, seiner Gesundheit nicht achtend. Er hasste das kriegerisch Blutige, alles Zerstörende. Er war frei von Ruhmsucht und wollte nicht glänzen als Eroberer oder absoluter Herrscher. Vornehmlich die Steiermark war ihm ans Herz gewachsen. Da konnte er auf vielen Gebieten Wohltäter und Notwender sein. Durch gezielte Maßnahmen verhalf er dem ansässigen Erzwesen zu Ansehen. Er kultivierte neue Rebsorten. Schießwütiges Jagen war ihm zuwider; durch sein Propagieren des Hegens und Pflegens rettete er das Gamswild. Er verbesserte die soziale Situation der Landarbeiter und Dienstboten. Er führte bei den Bergleuten die Bruderlade ein, als Hilfe für den Unglücksfall, er gründete die „Wechselseitige Brandschaden-Versicherungsgesellschaft". Er erreichte, dass heute die Bahnstrecke von Wien nach Triest über den Semmering verläuft – und nicht – wie es etliche Gegenspieler gewollt hatten – über das Burgenland. Er schickte den Ritter von Ghega auf seine Kosten nach England und Amerika, damit dieser dort die letzten Erkenntnisse des Eisenbahnbaus studieren konnte.

Manchmal erscheint es mir als wahres Wunder, dass ausgerechnet ich, die ich ja gar nichts Besonderes darstelle, zu so einem herausragenden Manne kam.

Im Alter von zwölf Jahren bin ich ihm das erste Mal begegnet. Wie ein Lauffeuer raste es damals durch den Ort, dass der Prinz im Anmarsch sei; am Grundlsee beim Fischermeister würde er einkehren.

Und schon machten wir Kinder uns auf den Weg. Gerade rechtzeitig waren wir da, um „Vivat!" zu rufen. Im Saal hat nachher die Musik aufgespielt und irgendwie ist es dann passiert, dass ich beim Wechseltanz auch an der Reihe war. So geriet ich in Tuchfühlung mit ihm – in meinem Kopf hat es dabei gebraust und gesaust, wie wenn ich einen ganzen Bienenschwarm drinnen gehabt hätte. Zum Schluss bin ich aber kurzerhand weggelaufen. Ich hab' das einfach nicht mehr länger ausgehalten: Ich und der Erzherzog! Jedem musste ich davon erzählen – ob er's nun hören wollte oder nicht.

Drei Jahre später bin ich sozusagen hochoffiziell mit dem hohen Herrn zusammengetroffen. Der Ausseer Amtsrat hat vier Töchter von Honoratioren ausgewählt, als Zierde für die Willkommensfeier in zwei Wochen. Also, das sah sogar der Herr Vater ein, dass ich zu solch einem Anlass ein neues Sonntagskleid bräuchte. „Hoffentlich wachst des Dirndl nimmer, es ist sowieso schon groß g'nug!"

Ja, da hat der Postmeister ganz schön tief in die Tasche greifen müssen. Dafür ist das Gewand aber auch märchenhaft schön geworden: Ein langer schwarzer Rock mit einem breiten grünen Streifen unten; drüber eine blendendweiße große Schürze – unten hatte sie einen schmalen grünglänzenden Streifen. Die helle Bluse war nach der neusten Mode gefertigt: mit viel Spitzen und dreimal gepufften Ärmeln. Als genauso modisch galt der ungewöhnliche blätterartige Abschluss vom grünen Mieder, das außerdem noch von einer goldenen Borte eingefasst wurde. Na, und als besonderen Blickfang trug ich noch ein rot gemustertes Seidentüchel um den Hals. Kein Wunder, dass mich die drei anderen Mädel voller Neid angafften – obwohl die ja auch nicht gerade in Lumpen gehüllt waren.

Nachdem wir jede einen Knicks gemacht und ein Sprüchlein aufgesagt hatten, ging es zum Strand vom Grundlsee, wo uns ein großes Boot erwartete, extra für diesen Zweck zusammengezimmert: Ein viereckiger Pavillon war darauf aufgebaut, mit einer Aussichts-Terrasse oben am flachen Dach.

Beim Gasthof Ladner war Endstation. Dort hatte sich eine kleine Menschenmenge versammelt, darunter auch mein Vater, in der vordersten Reihe. Ich schritt huldvoll an ihm vorbei, mit einem hochnäsigen Gehabe, hinein in die Stube zum Speisen. Auf allerhöchsten Wunsch gab es frische Fische.

Der Prinz Johann setzte sich auf die Bank in der Ecke – so hatte er alles im Blick und niemanden im Rücken. Neben ihm saßen je zwei Ehrenjungfrauen – ich hatte direkt an seiner rechten Seite meinen Platz.

Später wurde getanzt. Ich bin mir jetzt noch sicher, dass mich der Johann öfters aufgefordert hat als die anderen. In der Abenddämmerung begleiteten die Kavaliere uns Mädchen nach Gaiswinkel – da hatten wir das Quartier. Die Herrschaften schliefen beim Ladner.

Kaum waren wir vier unter uns, prasselte das Geschnatter auch schon los! Aus war es mit Sanftmut und Bescheidenheit. Absolute Einigkeit bestand darin, dass der Prinz über eine überaus vornehme Erscheinung verfügte, mit seinem hohen schlanken Wuchs. Vollends hingerissen waren auch alle von der leichten Schwermut, welche immer wieder durch die gütigen Züge hindurch schimmerte ...

Starke Uneinigkeit herrschte darüber, welcher von uns der Prinz den Vorzug gegeben hätte. Jede war davon überzeugt, dass sie die Auserwählte gewesen sei. Bis in die Nacht hinein währte unser Kreischen und Zanken.

Am nächsten Morgen waren wir wieder die braven Unschuldslämmer, die wir zu sein hatten. Gefrühstückt wurde beim Ladner, danach folgte ein Ausflug zur Traunmühle. Bei der allgemeinen Verabschiedung wurde noch eine Einladung ausgesprochen – zu einer dreitägigen Wanderung, die auch ein Fest am Schwarzensee einschloss. Die parat stehende Kutsche führte uns Mädchen anschließend heim.

Ich schlang das Mittagessen hinunter so schnell ich nur irgendwie konnte und hastete dann hinauf in meine Kammer. Dort wartete ich beim Fenster auf den Wagen des Erzherzogs, der unten vorbei musste auf seiner konzipierten Fahrt nach Mitterndorf. Und richtig, da kam er schon! Ich weiß nicht, ob es Zufall war, dass der Johann damals zu mir empor geblickt hat? Auf jeden Fall: Er tat es, lächelte dabei und hob sacht die Hand zum Gruß. Ich war überglücklich.

Noch seliger war ich über die Erlaubnis der Eltern, auch die folgenden Tage mit dem Erzherzog verbringen zu dürfen.

Beim Wandern wechselte dieser die Partnerinnen nicht mehr so oft wie beim Tanz am Tag zuvor. Er gab eindeutig mir den Vorzug. Nachdem wir hinter den anderen zurückgeblieben waren und Halt machten, fasste mich Johann an den Händen, sah mir geradewegs ins Angesicht und sagte dazu in ernsthaftem Tonfall: „Fräulein Nani, ist ihr Herz noch frei?"

Ich konnte bloß stumm bejahend nicken.

Der Prinz setzte fort: „ Ich ersuche Sie inständig, ganz aufrichtig zu sein. Denn sollten Sie Ihr Herz bereits verschenkt haben, so akzeptiere ich dies ohne Umstände und wäre gerne bereit, etwas für Ihre Herzensverbindung zu tun. Es liegt mir ja vor allem daran, Sie glücklich zu wissen."

Endlich war ich imstande, zu sprechen: „Ich habe keine Liebschaft, wenn Sie das meinen. Ich bin noch frei, gnädiger Herr."

Nun sah er mir tief in die Augen und sprach bedeutungsschwer: „In diesem Fall, da niemandem ein Unrecht geschieht – seien Sie mir gut, liebste Nani!"

Danach schlossen wir uns wieder der Schar an. Gesprochen wurde nichts mehr zwischen uns beiden.

Erst beim Abschied versprach mir der Erzherzog leise, so dass es die anderen nicht hören konnten: „Wir sehen einander wieder, im nächsten Sommer, bestimmt, zur gleichen Zeit."

II.

„Was heißt das schon ‚Seien Sie mir gut'? Das hat doch kaum 'was zu bedeuten!" Immer wieder versuchte die Mutter, mir meine schwärmerischen Gefühle für Johann auszureden. „Außerdem ist er ganze zweiundzwanzig Jahre älter als du, mein Kind. Das ist schon ein bisschen viel."

„Bei einem Alten wirst du gut g'halten!", entgegnete der Vater, „Der Unterschied im Alter wär' das wenigste, doch standesmäßig ist da ein Graben zwischen euch, der nicht zu überbrücken ist. Ein österreichischer Prinz und du! Also Mädchen, ich versteh dich nicht, du bist doch sonst so gescheit."

Ich blieb trotzig dabei, dass der Johann mein Zukünftiger sei. Aber je mehr Zeit verstrich, desto mehr kam mir dann schon die Aussichtslosigkeit einer solchen Verbindung zu Bewusstsein.

Ein Jahr ist lang für ein blutjunges Wesen. Heute – ja, heute – da fliegen die Jahre nur so davon, sind vorüber, eh man sich's versieht. Aber damals war es für mich eine Ewigkeit bis zum nächsten Sommer.

Tja, als der August endgültig seinen letzten Tag vorbei hatte, begrub ich bekümmert meine Hoffnung auf ein Wiedersehen.

„Er hat mich wahrhaftig vergessen!" Ich konnte das gar nicht begreifen. „Also haben meine Eltern wieder einmal recht gehabt. Zum Aus-der-Haut-fahren ist das!"

Am ersten Sonntag im September war seit jeher Kirtag und Markt in Altaussee. Da mussten die Plochls dabei sein. Zu fünft fuhren wir hin: Vater, Mutter, meine Geschwister Joseph und Josepha und ich. Bald spaltete sich allerdings die Familie. Die Mannsbilder konnten es nicht abwarten, bis wir Weiberleut alle Tücher und Bänder prüfend begutachtet hatten. Im Wirtshaus sollten wir uns später wieder vereinigen.

Zur verabredeten Zeit saßen der Vater und Joseph schon da – mit zwei Fremden am Tisch: Vater und Sohn Pfeifer aus Leoben. Der alte Pfeifer hatte dort das Amt des Stadtkanzlisten inne. Zusätzlich war er auch noch der Verwalter der Stadtpfarrgüter. Kein armer Mann – wie man an der Kleidung merken konnte. Sein dreiundzwanzigjähriger Sohn war fesch – also wirklich fesch. So einen feschen Burschen hatte Aussee und Umgebung bisher noch nie gesehen. Sogar die Mutter schaute ihn länger an, als es für mein Empfinden schicklich war.

Nach einer Weile fing im Saal das Gstanzl-Singen und Paschen an.

Beim Reim *Aussee is a lustiges Tal,*
Das sag i allemal.
San scheene Mentscha drein.
Do mecht i sein! spürte ich eine sanfte Berührung am Knöchel. Sie stammte vom Fuß des frechen feschen Leobener Jünglings. Ich sah ihn an – und er sah mich an mit einem strahlenden Lächeln, von dem einem ganz anders wurde.

Als dann der Vers *Aber Diandl, ei, ei!*
Und i liab di so treu
Und i hob di so gern,
Dass i narrisch kunnt wern! angestimmt wurde, war ich schon gefasst auf sein Füßeln.

„Na, der wär' doch ‚was für unsere Nani. Er kommt aus gutem Haus, wenn auch nicht aus einem Fürstenhaus, Gott sei's gepriesen", meinte der Herr Vater bei der Heimfahrt. Die Frau Mutter gab ihm recht: „Gut, dass du die beiden eingeladen hast für morgen nach dem Mittag!"

Es war mir, als dächten die Eltern, der junge Pfeifer wäre die lang ersehnte Wundermedizin gegen meine „Erherzog-Johann-Krankheit". Am nächsten Tag trieben sie uns förmlich hinaus zum Spaziergang zu zweit.

Unterwegs erzählte mir der Vinzenz, dass sein Vater auch noch die Stadtbäckerei besaß. Aber das wäre kein Handwerk für ihn: Ein Leben lang mitten in der Nacht aufstehen, um Teigbatzen in den Ofen zu schieben! Die derzeitige Beschäftigung als Amtsgehilfe für den Vatern gefiel ihm ebenfalls nicht. Da stünde er zuviel unter der Beobachtung des Alten. Doch habe er eine gute Position in Aussicht, in Vordernberg bei einem Radwerk.

Kaum hatten uns die ersten Bäume verschluckt, da riss er mich an sich und drückte mir einen Kuss auf die Lippen. „Oiso, richtig Busseln kannst net", bemerkte er, „oba das lern' ich dir gleich!"

Ich wehrte ihn ab. „Nicht so schnell!" keuchte ich. „Gib mir noch Zeit!"

„Auch gut!" rief er lachend und ließ mich los, „Oba g'falln tu ich dir schon?"

„Jaja – und wie!" beteuerte ich.

Am Rückweg beschlossen wir, einander täglich zu schreiben.

Bevor wir unser Haus betraten, griff er sich meine linke Hand und zog mir das Ringerl vom Finger. „Das behalt ich als Pfand!" verkündete er.

„Von mir aus", dachte ich, „da ist nicht viel riskiert, das war nicht teuer, gestern beim Jahrmarkt."

III.

Die Verzweiflung des Amtsrates schien groß: „Extra g'fragt hat er nach ihr! Sie *muss* morgen zugegen sein. Ich bitt' Sie, Herr Postmeister, der Wunsch unseres Landesherrn sollte uns aber wirklich Befehl sein!"

Am 24. September 1820 war der Erzherzog also doch noch erschienen, ganz überraschend. Diesmal standen gleich sechs Mädchen als Augenweide beim Ladner bereit.

Nunmehr ließ es sich auch die Mutter nicht nehmen, bei dem Spektakel dabei zu sein. Vielleicht glaubte sie auch, rechtzeitig eingreifen zu können, irgendwie, ehe dieses Prinzen-Drama wieder von vorne anfing. Was mich betraf, war mir gar nicht wohl in meiner Haut.

Das schlechte Gewissen verschloss meinen Mund, als der Erzherzog mit mir einen Landler tanzte. Schweigend nahm ich die Einladung für den nächsten Tag zur Kenntnis. Einen Hausball sollte es geben, beim gestrengen Herrn Salzamtmann.

Meiner Seel', geradezu tanzwütig war der Johann damals. Wenn ich daran denk', wie er später jedwede Unterhaltung dieser Art vermied … Naja, die Männer werden halt alle faul nach erfolgreicher Balz.

Die Frau Salzamtmännin forderte mich mit leiser Stimme auf, auf einen Sprung ins Nebenzimmer zu gehen. Dort wartete schon der Erzherzog mit einer kleinen Schere in der Hand. Zuerst schnitt er mir, dann sich selbst, ein paar Haare ab. Diese Locken sollten uns künftig das gegenseitige Aneinanderdenken erleichtern. Gut, dass er mich bei dieser Gelegenheit nicht gefragt hat, ob ich ihm treu gewesen bin. Ich lüge so ungern.

Ferner wollte der Prinz noch einen brieflichen Verkehr mit mir eröffnen, damit man über alles Bescheid wüsste, was dem anderen so widerfuhr. Jedoch hieße es dabei, vorsichtig zu sein. Ich sollte meine Post an einen eingeweihten Vertrauten senden. Mit diesen Worten drückte er mir einen Zettel mit der Adresse in die Hand.

Das folgende Dilemma, dass gleich zwei Männer auf Briefe von mir warteten, schrumpfte auf ein bedeutungsloses Nichts zusammen, als die Mutter am 21. Januar 1821 am Kindbettfieber verstarb. Da verstand ich, warum man auf Kirchenbildern den Schmerz mit einem schwertdurchbohrten Herzen darstellte.

Etwa ein halbes Jahr nach diesem traurigen Ereignis erhielt ich ein Billett vom Erzherzog. Er lud mich zu einer Hochzeit, bei der er den Brautführer machen wollte. Ich konnte schwerlich ablehnen – also saß ich mit im Wagen, der die Gäste aus Aussee nach Gstadt brachte.

Bei der Zeremonie trug Johann seinen steirischen Jagdanzug, der ihm vortrefflich stand. Als er sich kurz umdrehte, um nach mir zu suchen, trafen sich unsere Blicke.

Seine blauen Augen hatten einen innigen, sehnsuchtsvollen, flehentlichen Ausdruck. Sie waren erfüllt von einem unendlich starken Gefühl. Mich berührte dieser Strahl der Liebe derart heftig, dass er mich und mein Leben völlig veränderte.

Von diesem Moment an wusste ich es ganz genau: Niemand kann mich mehr davon abhalten, diesem Manne anzugehören.

Und ich verschloss meine Leidenschaft in meinem Herzen, mochte sie nicht mehr hinausposaunen in alle Welt.

Dem Pfeifer Vinzenz schrieb ich prompt, dass aus uns beiden kein Paar werden könne.

Und wie das Leben oft so seltsam spielt, kam der Vater, nur wenig später, ganz aufgeregt zu mir in die Kammer. „Mit dem Pfeifer-Buam musst du Schluss machen, Nani! Stante pede! Ich hab' Erkundigungen eing'holt. Das ist ein ganz ausgschamter Windbeutel, der hinter jedem Weiberkittel her ist!“

Fast genau ein Jahr nach der Hochzeit in Gstadt, kündigte der Erzherzog Johann seinen Besuch an – und zwar bei uns im Postmeisterhaus. Der Vater wusste nicht ein, noch aus darüber.

Einesteils war es ja eine hohe Ehre – aber andernteils verhieß dies womöglich frische Kalamitäten. Der Erzherzog kam gleich zur Sache: Er wolle anfragen, ob ich ihn wieder begleiten dürfe auf seiner heurigen Wanderung, in allen Ehren – versteht sich; der übliche übrige ehrenwerte Freundeskreis sei natürlich auch anwesend. Der Vater erlaubte es.

Gott sei Dank konnte der Johann damals nicht in den Kopf meines Vaters sehen. Er hätte dort einen Haufen argwöhnischer, eher unguter Gedanken gefunden.

In Aussee waren wir nun *das* Ortsgespräch, unerhörte Tratschereien machten die Runde. Man hegte ja schon seit geraumer Zeit den Verdacht, dass ich die heimliche Lustgespielin des Prinzen sei.

Noch verdächtiger und rätselhafter wurde es, als am nächsten Tag Johann Zahlbruckner bei uns anklopfte – immerhin war er der Privatsekretär vom Erzherzog. Der Vater merkte schnell, dass der Mann geschickt worden war, um ihn auszuhorchen, über seine Lebensansichten und Prinzipien.

Daher drehte er bald den Spieß um und erkundigte sich allerhöflichst und untertänigst danach, wann wir Steirer denn endlich einmal auch eine Landesmutter kriegten?

„Kaiserliche Hoheit haben bedauerlicherweise bis dato keine passende Frau Gemahlin finden können. Und an leichtfertigen Tändeleien ist ihm nie etwas gelegen. Jetzt allerdings sieht es so aus, als ob mein Herr mit seiner Suche am Ende sei", lautete die Antwort Zahlbruckners, nach der er ein bedeutsames Lächeln aufsetzte.

Der Vater wollte daraufhin gar nichts Genaues mehr wissen und war heilfroh, als er den ungebetenen Gast zu guter Letzt doch noch loswurde.

Mich wunderte es dann kaum, dass der Prinz beim Marsch ins Gebirge stets an meiner Seite blieb. Immer direkter und klarer wurde unser Gespräch.

Ohne Umschweife gelobte ich, dass ich bereit wäre, mit ihm durch dick und dünn zu gehen – und er gab zu, dass es auch ihm ernst sei mit mir.

Ja, in diesen drei Tagen festigte sich das Band zwischen uns derart, dass es unzerreißbar wurde.

Daheim war der Vater ziemlich lästig mit seinen ständigen Versuchen, mich auszufratscheln: „Also sag' mir's, was ist g'schehn in den Bergen, wie nah seid ihr euch gekommen, hat er ehrliche Absichten? Na, mach schon den Mund auf, Kind! Wie steht die Sache jetzt? Halt, bleib da, Nani, wo rennst denn hin?!"

Es zogen wieder etliche Wochen ins Land, bis ich von meinem Herzallerliebsten ein Lebenszeichen erhielt. Zahlbruckner erschien mit einem Brief von Johann. Darin bat er mich um Geduld, er müsse eine günstige Stunde abwarten, um von seinem Bruder, dem Kaiser, das erhoffte „Ja" zu unserer Heirat zu erhalten.

Das verstand ich. Auf meine Frage, wo der Erzherzog derzeit sei, eröffnete mir Zahlbruckner, Kaiserliche Hoheit befinde sich jetzt in Gmunden, dem Ort der Begegnung mit seinem Bruder Joseph und dessen Frau. Die Durchlauchtigsten Herrschaften wollten von dort aus zusammen nach der Stadt Salzburg reisen, wo sich der Kaiser aufhielt, um den russischen Zaren zu treffen.

„Hätten Sie etwas dagegen, wenn ich Sie nach Gmunden begleiten würde?“ Zahlbruckner musterte mich forschend mit seinen listigen Augen, die hinter den Hamsterbacken fast verschwanden – und verneinte dann.

Also brachen wir am kommenden Morgen um vier Uhr früh auf. Am späten Nachmittag trafen wir in Gmunden ein. Ich stieg beim Bräuwirt ab.

Der Herr Sekretär eilte zu Johann, um ihm unter anderem meine Ankunft zu vermelden.

Und es dauerte nicht allzu lange, bis der geschäftige Herr Sekretär wieder bei mir aufkreuzte: „Es ist meinem Herrn leider unmöglich, hier zu erscheinen, zu seinem tiefsten Bedauern.“ Und schon eilte der getreue Zahlbruckner hinweg.

„Na gut“, dachte ich mir, „dann versuche ich eben, ihn in Salzburg zu erwischen.“

Am nächsten Tag marschierte ich zur Poststation und nahm den Wagen nach Salzburg.

Dort stieg ich in einem gutbürgerlichen Gasthof ab und ließ dem Zahlbruckner Nachricht zukommen von meinem Hiersein. Nach kurzer Zeit holte mich der Herr Sekretär ab zu einem Platzkonzert. Dort kam ich endlich mit meinem Liebsten zusammen. Wir standen einander gegenüber, inmitten einer lauten Menschenmenge.

Schreiend und wild gestikulierend machten wir uns ein Rendezvous aus für nachher, nach der Musikdarbietung.

Und so trafen wir einander auch dann – wie vereinbart – und wanderten zu dritt hinaus aus der Stadt. Johann und ich entdeckten nach ein paar hundert Schritten eine Bank im Mondenschein, auf die setzten wir uns – während der verständnisvolle Zahlbruckner weiter marschierte. Eine große Wolke schob sich vor den Mond, so dass uns die Dunkelheit umhüllte wie ein undurchdringliches Zelt. Johanns zärtliche Küsse schmeckten nach Treue und Ehrlichkeit.

IV.

… Für die zur Beruhigung Deines Gewissens von mir erbetene eheliche Verbindung mit der Jungfrau Anna Plochl von Aussee in Steiermark, erteile ich hiermit meine Zustimmung, jedoch nur unter der ausdrücklichen Bedingung, dass dadurch weder ihr – noch den aus dieser Ehe entstehenden Kindern – ein Anspruch, von was immer für einer Art, auf Deinen Namen und Stand und Versorgung von Seiten des Österreichischen Staates und von Seiten unseres Hauses erwachsen dürfe.

Wien, den April 1823, Franz von Österreich

Es hatte viele quälende Wochen des bangen Wartens für mich bedeutet – und für Johann einige Audienzen bei Unserer apostolischen Majestät, bis dieses Dokument aus des Kaisers zaudernder Hand zustande gekommen war.

„Meine Rede: Gut Ding braucht Weile!“, lautete der Kommentar des Vaters.

Schon im Mai sollte die Hochzeit sein – erschreckend wenig Zeit zur Vorbereitung. Nach der Sitte des Landes sollte alles vonstatten gehen – so hieß der ausdrückliche Wunsch des Erzherzogs. Für das Brautkleid wollte die Frau vom Zahlbruckner sorgen, im Auftrag des Bräutigams. Ich bestimmte einige meiner Freundinnen zu Kranzljungfern. Die Verkündigung in der Kirche hatte der Vater zu veranlassen. Tja, und wer müsste nun aller unbedingt eingeladen werden?! Es war nicht einfach für mich, eine vollständige akzeptable Liste zusammenzubringen.

Der Herr Postmeister wollte sich nicht lumpen lassen und bestellte demnach die vorgeschriebenen neun Gänge beim Wirten. Den „Krampintanz“ gedachte er, in einer anderen Lokalität zu veranstalten. „Damit koaner beleidigt ist!“

Das „Nachtmahl“, am Abend vor der Hochzeit, würde es traditionsgemäß ohnehin bei uns im Hause geben – keine große Angelegenheit: Nur Zwetschkensuppe mit Krapfen. Es müsse bloß für genügend Bier und Schnaps vorgesorgt werden.

Wie ein Blitz schlug Johanns Nachricht mitten in die Hochzeitsvorbereitungen ein.

Zahlbruckner überbrachte die Hiobsbotschaft, dass die Heirat zu verschieben wäre. Eine eingehendere Besprechung deswegen mit dem Vater und mir sollte zu Pfingsten auf Schloss Strechau abgehalten werden.

„Ich versteh das nicht, Madl, verstehst du das?!" Der Vater blickte mich verzweifelt an. Ich schwieg. „Herr Johann, Hoheit, Sie sind doch unabhängig vom Kaiserhaus. Sie haben doch enorm viel geerbt von ihrem Onkel!"

Es ginge nicht ums Geld, erwiderte der Erzherzog, doch der Kaiser sei sein Herr. Wie ein zweiter Vater sei er stets zu ihm gewesen. Und wenn dieser ihn bäte, von der geplanten Verheiratung vorläufig Abstand zu nehmen, dann hieße es eben gehorchen.

Der Vater seufzte auf. „Es geht nicht, wegen dem riesigen Standesunterschied, wie ich immer gesagt hab'!"

Johann stimmte ihm wehmütig zu. Bei der derzeitigen Lage wäre das in der Tat ein ungeheures Hindernis. Der Kaiser befürchte, dass diese vorgesehene Verbindung, ein schlechtes Beispiel geben könnte, dass die Gefahr bestünde, die gottgefällige Ordnung damit zu untergraben.

Der Vater nickte. Er hatte kapiert.

Nun eröffnete der Prinz, dass er mich trotz alledem gerne zur Führung seines Hauswesens holen möchte, nach Vordernberg.

Er zeigte meinem Vater – zur Unterstreichung seiner redlichen Absichten – sein Testament, in dem er mich als Erbin eingesetzt hatte.

Zu meiner Überraschung stimmte der Vater meiner Übersiedelung zu. Nicht, dass er keine moralischen Bedenken gehabt hätte – aber er hatte die Absicht, sich erneut zu vermählen. Und die künftige Hausfrau wollte mich unbedingt vorher aus dem Haus haben, um allein schalten und walten zu können, was verständlich war.

„Vordernberg, ausgerechnet!" schoss es mir durch den Kopf, „wo doch dort der fesche Pfeifer Vinzenz beschäftigt ist." Höchste Zeit für ein Geständnis.

„Eine durch und durch harmlose G'schicht!" ergänzte der Vater meinen Bericht. Johann äußerte darauf, er sei von meiner Rechtschaffenheit immer überzeugt gewesen – und wenn das Fräulein Nani sagt, es sei nichts gewesen, was der Rede wert wäre, dann sei der Fall für ihn erledigt.

Jetzt erst konnte ich mich richtig freuen. „Ehe hin, Ehe her! In Kürze bin ich in seiner Nähe und das ist das, was zählt!“, dachte ich. „Und aus der Ausseer Schusslinie bin ich auch bald, brauch‘ den Spott und Hohn über die geplatzte Hochzeit nicht mehr länger ertragen!“

Es dauerte dann aber fast drei Monate bis es so weit war.

Es mussten noch irgendwelche Dinge geregelt werden, ehe ich in Vordernberg einziehen konnte. Aber – als es zuletzt doch geschah – begrüßte mich Johann vor den versammelten Leuten mit den Worten: „Dem Himmel sei Dank, dass Sie da sind – hier ist unser Haus, welches Sie nun betreten, um es nie mehr zu verlassen!“

V.

„Da es Sie ja unmittelbar betrifft und weil Sie auch die Frau sind, welche meinem Herzen am nächsten steht, möchte ich nun die Hintergründe offen legen, die zum Aufschub unserer Hochzeit geführt haben“, begann Johann seine Ausführungen. „Von Jugend an fühle ich mich dazu berufen, die Arbeit meines Onkels, Kaiser Joseph II., zu Ende zu bringen.“

„Das ist doch der, der die Klöster überall aufgelassen hat!“ warf ich ein.

„Nur die unnützen, Nani, nur die unnützen“ sagte er mit einem milden Lächeln und fuhr fort, „Seit über zehn Jahren bin ich das Oberhaupt, der Schutzherr, einer verschworenen Gemeinschaft von Männern, welche es sich zur Aufgabe gemacht hat, das Leben der Unterschichten des Volkes zu erleichtern und dafür wirksame Reformen einzuführen.“

Johann muss es meinem Gesicht angesehen haben, dass ich das genauer erklärt haben wollte.

„Zum Exempel: Das Vordringlichste ist uns die Hebung der allgemeinen Bildung. Daher möchten wir das gesamte Schulwesen verbessern. Wir haben zwar felsenfestes Vertrauen auf das Gute und Edle, das im Menschen bestimmt vorhanden ist. Aber es muss erst zu Tage gefördert werden wie eisenhaltiges Gestein, und das Erz muss dann noch von der Schlacke der Unwissenheit befreit werden.“

„Das leuchtet ein, aber Verzeihung – was hat das mit unserer verschobenen Hochzeit zu tun?“

„Geduld, Nani, hören Sie weiter: Unsere Bestrebungen sind dem Staatskanzler Metternich in Wien ein Dorn im Auge. Er ließ die „Wildensteiner Ritterschaft auf blauer Erde“ – so der Name unseres Bundes – kurzerhand behördlich verbieten und auflösen. Außerdem gelang es ihm, einen – ihm hündisch ergebenen – Grafen als Statthalter in der Steiermark einzusetzen. Ferner erreichte er durch üble Machenschaften, dass einige meiner Wegbegleiter von ihren einflussreichen Positionen zurücktreten mussten.“

„Das ist aber ein miserabler Kerl, der Metternich!“ entfuhr es mir.

„Ja – aber er hat das alles nur tun können, weil ihm durch meine beabsichtigte, nicht standesgemäße Verbindung, der Rücken gestärkt worden war. Denn eines ist mir im Verlaufe der Zeit immer deutlicher geworden: Mein kaiserlicher Bruder hat stets in allem das letzte Wort. Und darum heißt es nun vorsichtig sein, verantwortungsvoll zu handeln. Das Wohl meiner geliebten Freunde, das Erblühen der Wirtschaft hier rundum, das hat mir über mein persönliches Glück zu gehen!“

„Jetzt verstehe ich alles. Auch ich bin zu jedem Opfer bereit!“ bekannte ich.

„Ich kann keinen offenen Bruch mit meinem Bruder riskieren – ohne die Gunst des Kaisers bin ich verloren. Ich habe im Eigentlichen kein offizielles Amt in der Steiermark inne, ich bin ja bloß ein reicher Privatier, der starken Feinden gegenüber steht.“

„Wer sind denn die Feinde?“

„In der Hauptsache sind es diejenigen Adeligen, die einen unerträglichen Hochmut und Stolz an den Tag legen. Diese Sorte blickt auf andere Menschen herab, einzig deswegen, weil sie eine lange noble Ahnenreihe vorweisen können. Mir und meinen Mitstreitern schwebt eine Gesellschaft vor, wo einer aufgrund seiner hohen Verdienste etwas gilt – und keineswegs wegen seiner hohen Geburt.“

„Ja, und unsere Trauung wäre Wasser auf die Mühlen Ihrer Gegner gewesen.“

„Sehr richtig, Nani, exakt! Für den Fürsten Metternich verheiratet man sich lediglich deshalb, um dem ehrwürdigen Stammbaum durch eine ebenbürtige Kopulation weitere Knospen hinzuzufügen, aber nicht deshalb, um den Wunsch seines Herzens zu befriedigen. Dafür sieht er andere Möglichkeiten – außerhalb der Ehe, wie er es ja selbst vorlebt mit seiner Mätresse."

Schritt für Schritt ging ich daran, mich in Vordernberg einzurichten. Sehr erleichtert war ich, als ich erfuhr, dass sich der Vinzenz Pfeifer, nicht mehr in der Gegend aufhielt. Er sei nach Oberungarn gefahren, um an irgendeiner Bergakademie zu studieren. Fein, dachte ich mir, dass der fesche Vinzenz jetzt endlich einen Beruf hat, der ihm Freude bereitet und in dem er augenscheinlich etwas werden will.

Den Bericht über den Vinzenz gab mir die Frau des Verwesers vom Kommunitäts-Radwerk. Sie und ihr Gatte, der Herr Franz von Peball, sollten mir, auf die Bitte von Johann hin, hierorts mit Rat und Tat unter die Arme greifen – in seiner Abwesenheit. Die Frau von Peball wurde im Handumdrehen meine mütterliche Freundin.

Wenige Tage später erzählte sie mir ergänzend, dass der Vinzenz im Rausch immer damit geprahlt hätte, die Liebste vom steirischen Prinzen schon vor diesem besessen zu haben. Aber da das „Madel" jetzt nach Vordernberg käme, ziehe er es vor, besser zu verschwinden. Wer wolle einem Erzherzog schon ins Gehege kommen?

Nun empfand ich es gar nicht mehr als so schlimm, dass mich Johann anhielt, ganz zurückgezogen zu leben. Alles Gewünschte ließ sich ja von Mägden oder sonstigen Untergebenen besorgen. Bitte, im Grunde war ich natürlich auch – in gewisser Hinsicht – ein Dienstbote des Erzherzogs. Vor den anderen bezeichnete ich ihn ehrfürchtig als „Herr" und ging zwei Schritte hinter ihm; mein Schlafgemach lag im oberen Stockwerk, in der Nähe der übrigen Dienerschaft – während Johann im Erdgeschoss schlief, in einer kargen Kammer.

Die Faschingsbelustigungen anno 1824 wurden einigen Frauenzimmern jäh etwas verdorben. Als nämlich die Nachricht einlangte, der Pfeifer Vinzenz kehre nie mehr nach Vordernberg zurück, er sei in der Fremde verstorben – vermutlich an der ungesunden ungarischen Luft. Wahrscheinlich waren manche der Weibsbilder auch der Meinung, ich sei Schuld an dem ganzen Malheur. Naja, jedenfalls war das Kapitel „Pfeifer Vinzenz" damit endgültig abgeschlossen.

Im April wurde ich auch noch Hausfrau auf dem Brandhof, einem Mustergut für Landwirtschaft und Viehzucht. Die dortige Gegend gefiel mir von Anfang an besser als Vordernberg mit seinen Hochöfen. Doch egal, wo ich mich jeweils befand, ich war viel allein. Und das Heimweh nach Aussee legte sich bisweilen schon ziemlich schwer auf mein Gemüt.

Die Stunden, die Johann und ich in trauter Zweisamkeit verbringen konnten, waren rar und deshalb umso kostbarer. Irgendwann kam bei unseren Gesprächen mit Sicherheit das Thema „Steiermark" an die Reihe; Johann liebte das Land und seine Bewohner – und ich liebte an Johann diese beinahe kindliche Begeisterung, die seine Augen zum Leuchten brachte.

Er war auch meistens in der Steiermark unterwegs, um seine Mission gemeinsam mit den „ritterlichen" Freunden fortzusetzen, im Verborgenen, zum Nutzen der Allgemeinheit.

Ich betrachtete das Erdulden der Einsamkeit als meinen Beitrag zum Gelingen dieser wichtigen Aufgabe. Demnach unterdrückte ich meinen Unmut über diese zeitweilige Verlassenheit, war dem Erzherzog nicht gram, dass ich quasi „eingesperrt" den Großteil meines Daseins verbringen musste.

Nur einmal, ein einziges Mal, stand ich knapp davor zu entfliehen. Den Anlass hierfür gab die Kleidung unseres Kutschers Hiasel. Johann hielt sich gerade in Wien auf, um den Kontakt mit seiner Familie zu halten – und ich hatte die seltene Erlaubnis, zu meiner Tante nach Graz zu fahren.

Der Hiasel offenbarte mir seinen Herzenswunsch: Er würde so gerne seine alte schöne Livree von früher tragen, er litte so sehr darunter, dass ihn der Herr dazu verdammt hatte, ewig im grauen Mantel am Kutschbock sitzen zu müssen. Ich erlaubte ihm dieses scheinbar harmlose Vergnügen.

Vierzehn Tage später langte ein grauenhafter Brief von Johann ein, mit messerscharfen Worten und gallbitteren Vorwürfen. Weil der Hiasel Frack und Zylinder, nach übler städtischer Art, bei der Fahrt getragen habe. Johann bezichtigte mich des Verrats an ihm und seinem Werk, meinte, wenn er sich nicht schämte, mit dem Hiasel in steirischer Landestracht zu fahren, wie könne ich nur einen Augenblick schwanken und nicht zufrieden und stolz sein, den Hiasel im grünen Rock und groben Umhang zu sehen.

Danach folgte noch eine Abhandlung über den unsinnigen Plunder, an dem die Welt hängt und so viel Geld dafür verschleudert. Und dann –

als Krönung – um mein „Verbrechen“ noch einmal zu unterstreichen, die Worte: „Das ist eine ernste Sache, mit der nicht zu scherzen sei!“

Abschließend hieß es noch: „Es ist mein fester unabänderlicher Wille, dass die Dinge derart bleiben, wie sie waren, als Du mein Haus betratest, dass nichts geändert werde, im Leben, in der Kleidung und Kost, kurz in allem. Darum rate ich Dir, lasse Dir nie wieder einfallen, diesen Aufzug meinem Kutscher zu erlauben.

Bei diesen Sätzen ließ ich das Blatt sinken, fragte mich, ob ich nicht gerade einen aberwitzigen Traum träumte? Wozu denn solch eine Aufregung wegen dieser Lappalie?

Zum Schluss predigte mir der Herr noch: „Glaubst Du denn, dass der Putz etwas wert ist? Willst Du damit meinen Leuten zum Vorbild dienen? Allerdings, das wünsche ich, aber bloß darin, dass meine gute, edle, treue Nani als Hausfrau es sei und nicht durch eitlen Tand, wo sich die Weiber nur wechselseitig steigern.“

Also, erst war ich ja ungeheuer ungehalten über diesen Brief, wenig später kam er mir eher grotesk und lachhaft vor. Ich sandte nach Frau Peball, die alsbald bei mir auftauchte. Ihr gab ich das Schreiben Johanns zur Beurteilung.

„Gut, dass du nicht nach deiner ersten Eingebung gehandelt hast und auf der Stelle davon bist, mein Kind! Es hätte dich später sicher gereut. Ich werde dir den Sachverhalt näher erklären, damit du die Ursache von diesem Ausbruch des Erzherzogs begreifen kannst: Seit er in der Steiermark lebt, ist für ihn der graue Steirerrock sozusagen ein Ehrenkleid. Ein Symbol für die Lebensform, die er im Land einführen möchte, ein Zeichen von Einfachheit und Sittsamkeit – im Gegensatz zur Verschwendungssucht und den lasterhaften Unsitten gewisser höherer Kreise. Daher hat auch unser neuer Statthalter als erste Amtshandlung, im Auftrage Metternichs, das Tragen der steirischen Landestracht bei Strafe untersagt. Wer trotz allem daran festhält – sowie mein werter Gatte übrigens auch – gibt sich als Anhänger des Erzherzogs und seiner Ansichten zu erkennen.“

VI.

Wie schon so oft saß ich beim Fenster über meiner Handarbeit, einer Kreuzstich-Stickerei nach alter Vorlage – während sich die Jugend draußen dem ausgelassenen Faschingstreiben hingab. Schon wieder ein Fasching ohne mich! Dabei ist mir der immer das Schönste vom Jahr gewesen, früher in Aussee – war ja noch nicht gar so lange her. Ach, Aussee fehlte mir schon sehr!

Bei uns daheim hat einer immer leibhaftig den Fasching gespielt, im knallbunten Gewand und mit einem riesigen Sack mit Nüssen daneben. Aus diesem musste er reichlich rauswerfen, sonst hörte er von allen Seiten: „Notnagel, Notnagel, Notnagel!" Obendrein hatte er sehr freigiebig mit dem Bier zu sein. Dafür war ihm dann aber auch die Unterstützung der Burschen sicher, beim Vortrag der Spottverse. Für mich sind manche allerdings in den letzten Jahren nicht lustig gewesen:

Jaja, die Postmeister-Nani
Die is nimmer gern allani.
Aber ein Prinz muaß es sein –
Nur den *laßt's hinein!*

Als Gegenstück zum freigiebigen „Fasching" gab es die armselige „Pless", eine völlig vermummte Figur, welche als Zielscheibe für Schneewürfe herhalten musste. Sogar das Ende des munteren Treibens war bei uns immer eine Mordsgaudi! Nachdem die Musikanten sich die Saiten von ihren Instrumenten abgeschnitten hatten, wurde der Fasching zu Grabe getragen.

Zu diesem Zweck lag ein ausgestopfter Sack auf einer Bahre, umgeben von leeren Geldbeuteln und Gläsern, Fischköpfen und Gräten und zerbrochenem Geschirr. Die Bahre wurde in alle Gasthäuser geschleppt, schließlich um Mitternacht ist dann die Faschingspuppe unter allgemeinem jämmerlichem Geheul in den Schnee eingegraben worden.

Tränen standen mir in den Augen, als ich an diese vergangenen Tage dachte. Ich beschloss, mir morgen zu Mittag Fleischkrapfen zu machen, so wie es bei mir zu Hause um diese Zeit allerweil der Brauch gewesen ist.

„Gutes Essen vertreibt trübe Gedanken!" – und im Eigentlichen war ich doch keine kreuzunglückliche Frau. Nein wirklich nicht! Die seltenen gemeinsamen Stunden schmiedeten uns ja auch zusammen. Vielleicht verstanden wir einander gerade deshalb mit den Jahren besser und besser.

Als Johann im August 1828 die neue Kapelle auf dem Brandhof, die ihm viel bedeutete, einweihen ließ, da zeichnete er mich vor allen Leuten aus, weil ich in seinem Namen die Gäste empfangen und sie als Dame des Hauses bewirten durfte.

Ab da spürte ich verstärkt, dass es Johann immer schwerer fiel, auf die körperliche Vereinigung mit mir zu verzichten. Und in mir wuchs der Wunsch nach einem Kind gleichzeitig mit der Angst, einmal zu alt dafür zu sein. So fasste ich bei passender Gelegenheit Mut und fragte Johann unter vier Augen, ob denn nun die Lage so weit gediehen sei, dass man die Heirat riskieren könne.

Daran habe er auch schon gedacht, des Öfteren in letzter Zeit, denn „in Wien geht es drunter und drüber! Im Volk gärt es – und der Kaiser ist davon schwer in Atem gehalten. Überdies ist dem Metternich ein mächtiger Konkurrent erwachsen, im Buhlen um die kaiserliche Huld – nämlich der Vorsitzende der Finanzkommission: Graf Franz Kolowrat, dem mein Bruder ebenfalls gerne sein Ohr leiht. Dadurch nehmen die höfischen Intrigen überhand und legen den Staatsapparat beinahe lahm. Mit einem Wort: ‚Ja! Der Zeitpunkt ist günstig für eine Audienz mit positivem Ausgang'."

Daraufhin zog ich ein Schreiben hervor, das ich vorsorglich an Johann verfasst hatte. „Bitte zeige dem Kaiser diesen Brief, falls du die Worte als hilfreich erachtest!"

Johann las meine Zeilen mit steigendem Interesse. Mir war es auf Formulierungen angekommen, die sowohl das Wohlwollen als auch den Widerspruch des Kaisers – in unserem Sinn – hervorrufen könnten, etwa durch:

„Ich denke immer, wenn Du nur in unserer Sache den Kaiser nicht recht aufgebracht machst – und Dir dadurch seine Ungnade zuziehst. Es ist freilich schrecklich, dass gerade wir Zwei so unendlich weit von Geburt auseinander sind und sehe nur zu gut ein – wie hoch Du – wie niedrig ich bin. Sehe auch ein, welch Ärger es Deiner so erlauchten Familie sein muss, dass Du dich gerade an ein so unbedeutendes Wesen hängst ..." In dieser Tonart ging es dahin. Gegen Ende schrieb ich, sozusagen auf biegen oder brechen: „Und mein Inneres sagt mir auch da noch: der Kaiser kann nicht ja sagen; denn ich sehe nur zu gut ein, dass ich Deiner nicht wert bin – und es ist mir schrecklich, wenn ich denken sollte: Unser guter Kaiser ist vielleicht gerade mir nicht gut, sondern er hasst mich vielleicht sogar? Und hätte er nicht auch das Recht dazu? Bin ich nicht diejenige, die so vielen Kummer verursacht?"

Nach der Lektüre meines Briefes war der Kaiser äußerst ergriffen und gebot sogar unsere Heirat, „damit nicht zuletzt etwas erfolge, was nicht streng sittlich wäre".

Also hielten wir Hochzeit am 18. Februar 1829. Nicht in der Form, wie ich sie mir einstmals vorgestellt hatte, sondern ganz ohne Gepränge in der Hauskapelle des Brandhofs um Mitternacht. Anwesend – außer Johann und mir – waren bloß die notwendigsten Personen: Der Pfarrer und zwei Zeugen, einer davon der bewährte Zahlbruckner.

Unser Eheleben gestaltete sich harmonisch. Nur selten beklagte sich mein Mann über den Pantoffel unter dem er nun stand. Da ich fortan meinen Gemahl auf seinen Reisen meist begleiteten durfte, fiel der Hauptgrund meiner Unzufriedenheit weg.

Getrübt wurde unser Glück allein dadurch, dass sich kein Nachwuchs einstellen wollte. Nach einigen Jahren vergeblichen Hoffens überlegte Johann schon, ob er nicht einen Neffen zu seinem Nachfolger bestimmen sollte.

Und ich war dadurch nahe daran, mich eines überlieferten Hexenzaubers zu bedienen.

Aber ehe ich dann eine Alraunwurzel besorgte, um sie in der Matratze zu verbergen, besann ich mich noch darauf, dass Johann jeglichen Aberglauben zutiefst verabscheute – und ich warf mich zum hundertsten Male vor dem Gnadenbild in Mariazell auf die Knie und erflehte Kindersegen von der Muttergottes.

Und schließlich half es. Nach neun Jahren Ehe wuchs junges Leben in meinem Leib heran. Mein Mann schrieb diesen Umstand der heilbringenden Wirkung des Gasteiner Wassers zu – wie auch immer: Was mich jetzt um meine Seelenruhe brachte, war die Angst vor der Geburt, wahrhaftige Todesangst hatte ich. Möglicherweise rührte diese gewaltige Furcht daher, weil meine arme Frau Mutter bald nach ihrer letzten Niederkunft so elend zugrunde gegangen war.

Die Geburt wurde dann auch unbeschreiblich schmerzhaft. Aber ich überstand sie und die Zeit im Wochenbett überlebte ich ebenfalls.

So sehr ich auch wünschte und versuchte, den Kleinen zu säugen – es musste schließlich doch eine Amme gebracht werden. Allerdings, wirklich wichtig erschien mir damals bloß eines: Das Neugeborene war kerngesund! Es hatte einzig ein etwas zu großes Köpfchen, das Erbteil seines Vaters. Wir tauften das Kindchen auf den Namen Franz – und der Bub war von Anfang an unser Ein und Alles.

VII.

Jedes Mal – wenn sich Gelegenheit dazu bot, beäugten und beurteilten mich die Erzherzoginnen und sonstige allerhöchste Verwandte – aber stets aus einer gewissen Distanz. Es gab halt so Vorschriften für das Verhalten bei morganatischen Ehen. Und eines schönen Tages verlieh mir das Kaiserhaus den Titel „Freifrau von Brandhofen“.

1840 erwarb Johann die Herrschaft Stainz samt Schloss, in dem wir uns viel und gerne aufhielten. Zwei Jahre später wurde das Stadtpalais in Graz fertig. Auch dort wohnten wir oft. Da sollte unser Franz das Stadtleben kennen lernen und nicht bloß als Landkind aufwachsen. Die Erziehung seines Sohnes wurde die eigentliche Hauptaufgabe in Johanns Leben. Er wollte den Buben vor allem zum Menschen bilden, das übrige – meinte er – werde sich dann schon von selbst einstellen.

1844 erstanden wir das Schloss Schenna bei Meran – und bald darauf wurde der fünfjährige Franz zum Grafen von Meran ernannt. Angeblich auf Anregung des Fürsten Metternich. Doch das half dem Kanzler auch nicht mehr, 1848 schlug seine Stunde und er musste sein Ränzlein schnüren ...

Der Bote der Deutschen Nationalversammlung behauptete in seiner Rede, dass ich entscheidend dazu beigetragen hätte, dem Volk das Herz des Erzherzogs zu erhalten. Danach bezeichnete er Johann als Ersten in der Zahl deutscher Männer und mich als erste deutsche Frau aufgrund meiner Tugenden.

Allerhand, nicht wahr?

Tja, der Johann war in der Frankfurter Paulskirche zum Reichsverweser aller deutschen Länder erwählt worden, mit 436 von 548 der abgegebenen Stimmen.

Ach, er hatte dann einen schweren Stand bei den unzähligen unterschiedlichen politischen Gruppen; er geriet bald zwischen alle Fronten, drohte davon zerrieben zu werden. Johann gelang es nicht, die Gegensätze miteinander zu versöhnen – das fanatische Fortschrittsdenken und das engstirnige Beharren auf dem Althergebrachten machten jede Einigung unmöglich. Und ich, ich war gezwungen, ein Machtwort zu sprechen, wollte nicht länger dabei zusehen, wie sich der Johann bei seinen aussichtslosen Bemühungen gesundheitlich ruinierte.

Ergo brachen wir im Dezember 1849 endlich unsere Zelte ab. Johann genoss gottlob noch so viele Sympathien, dass ihm die Frankfurter Bevölkerung einen würdigen, ehrenvollen Abschied bereitete.

Daheim, in der Steiermark, erhielten wir die Mitteilung, dass Johann zum Bürgermeister von Stainz erkoren worden war. Nun hatte mein Mann sein erstes ziviles öffentliches Amt, das er bis zu seinem Ende gewissenhaft und zum Vorteil der Stainzer ausführte. Im selben Jahr, also 1850, verschaffte mir der junge Kaiser Franz Joseph den Rang einer Gräfin von Meran, und zwar „in Erwägung der ausgezeichneten Eigenschaften der Frau Gemahlin unseres Durchlauchtigsten Großoheims." Also, da hab ich mich ungemein gefreut darüber!

Der Franz wuchs heran und entwickelte sich zu einem geistigen Ebenbild seines Vaters. Zu zweit machten sie manchen Marsch in die geliebten Berge. Johann war rüstig für sein Alter und er hätte länger leben können, wenn er nicht gar so pflichtbewusst gewesen wäre.

Er hielt mit siebenundsiebzig Jahren – trotz starker Erkältung – dennoch die angesagte Sitzung im Joanneum ab; erst anschließend legte er sich daheim nieder. Am nächsten Morgen wollte er sich noch immer nicht der ausgiebigen Bettruhe hingeben, er verfasste Briefe und ließ sich Akten bringen. Am kommenden Sonntag war er dann zu schwach, um in die Messe gehen zu können.

Unser Sohn Franz war zu dieser Zeit als Rittmeister in Ödenburg stationiert. Ich beorderte ihn mittels eines Telegramms nach Graz ans Krankenbett seines Vaters. In meinem Innersten wusste ich schon, dass es das Totenbett werden würde. Wahrscheinlich war Johann sich dessen ebenso bewusst, denn er wollte mir unbedingt ein Geständnis ablegen: „Du, Nani, weißt, der Pfeifer Vinzenz, der Frauenheld, der ist damals nicht ganz freiwillig nach Oberungarn gegangen. Ich hab das veranlasst, hab meine Beziehungen geltend gemacht, dass sie ihn aufnehmen an der Bergakademie in Schemnitz. Die Reise und der Aufenthalt sind von mir bezahlt worden – ich wollte ihn wenigstens für drei Jahre von dir fern halten ...“

Ich nickte verstehend und Johann sprach mit matter Stimme weiter: „Das Ringlein von dir hab ich ihm auch abkaufen lassen, hat mich einiges gekostet, doch er sollte nichts von dir in Händen haben – ich hab‘s nachher gleich in den Schmelzofen geworfen. Deine Briefe hat er nicht mehr besessen, hat er behauptet.“

„Das wird schon stimmen“, meinte ich, „Sie haben ihm sicher nichts bedeutet.“

„Wär‘ nicht notwendig gewesen, dass er gestorben ist, es hätte schon noch was aus ihm werden können, denn an Talenten fehlte es ihm nicht ...“

„Johann, vergiss endlich den faulen, dummen Kerl – ich für meinen Teil, ich hab schon ewig nicht mehr gedacht an ihn.“

Am 11. Mai 1859 traf um drei Uhr morgens der Franz ein. Gottlob hatte er noch Gelegenheit, um von seinem Vater Abschied nehmen zu können.

Freud in Aussee

Sigmund Freud (1856–1939)

I.

Die Gegend wird ja allseits gerühmt – und das zu Recht – es ist wahrhaftig schön hier. Das war wirklich eine glückliche Fügung, dass wir in Aussee ein ganzes Haus mieten konnten, im Ortsteil Obertressen. Eine wundervolle Aussicht haben wir von hier heroben; ausgesprochen beeindruckend ist der Blick auf den Dachsteingletscher.

Das Haus ist zwar nicht sehr groß, aber es hat doch genügend Raum für mich und die Meinen. Das Erdgeschoß ist gemauert und weiß gekalkt. Darüber erhebt sich ein Stockwerk aus Holz, also ganz im anheimelnden ortsüblichen Baustil.

Der Dachboden beinhaltet eine kleine Mansarde – darin schlafen das Kindermädchen und die Köchin.

Zum Haus gehört noch eine kleine Wiese mit ein paar alten Obstbäumen und ein hölzernes Gasthäuschen – ähnlich dem Mozart'schen Zauberflötenhäuschen. In diesem Häuschen sitze ich jetzt, während mein Volk sich der Mittagsruhe hingibt.

Naja, eine neue Zauberflöte werde ich hier nicht komponieren – aber ein Heftchen werde ich anlegen – mit dem Titel „Ausseer Notizen".

In das Heftchen schreibe ich alles hinein, was mich bewegt, alles, was über knappe Tagebucheintragungen hinausgeht. Aber nur, wenn ich Lust dazu habe. Ich befinde mich ja auf Sommerfrische – und nichts drängt mich, nichts soll in Arbeit ausufern.

Ich spüre, dass das Jahr 1896 ein entscheidendes Jahr für mich ist. Nicht, weil ich vierzig Jahre alt geworden bin – nein, weil ich mich mitten in einem Kampf befinde, im Streit um meinen Ruhm, im Ringen um meine Bedeutung in der Fachwelt.

Das Gasthäuschen hat zwei kleine Zimmer mit zwei Fenstern – und passt daher zu meiner Brust, in der zwei Seelen wohnen.

Die eine Seele freut sich über die bahnbrechende Entdeckung, die ich heuer gemacht habe – die andere kränkt sich über die Anfeindungen, die diese hervorgerufen hat. Vielleicht bin ich deswegen so rasch grau geworden ...

Heute ist der 29. Juli – also vor etwas mehr als drei Monaten hab ich meinen Vortrag über die Ursachen der Hysterie gehalten, im „Verein für Psychiatrie und Neurologie" in Wien. Ausgesprochen eisig sind meine Worte damals aufgenommen worden von meinen werten Herrn Kollegen – erfroren wäre ich fast daran. Von Krafft-Ebing war ich besonders enttäuscht – bisher hatte ich geglaubt, seine Gunst und sein Verständnis zu besitzen.

„Es klingt wie ein wissenschaftliches Märchen!" hat er heraus posaunt ... Na schön, ein Ignorant mehr!

Dabei habe ich den Eseln die Lösung eines großen Rätsels dargeboten. Perlen vor die Säue! Ein „Caput Nili" habe ich aufgespürt! Schon die alten Griechen haben ja nach der Quelle des Nils geforscht – und erst in unserem Jahrhundert ist sie gefunden worden. Und ich habe genau so eine schwierige Frage beantwortet: die Frage nach dem Ursprung der Hysterie.

Die Entdeckung der ätiologischen Bedeutung infantiler Sexualerlebnisse für die Genese der Hysterie kann ich auf meine Fahnen schreiben!

Die entscheidende Schädigung rührt von der Verführung durch Erwachsene her – daran ist nicht zu rütteln.

Und jedem, der das bezweifelt, rufe ich die berühmten Worte des Götz von Berlichingen zu.

Nie wieder werde ich den Psychiatrischen Verein besuchen – diesen Verein von Vollidioten. Meinen Ex-Vereinskameraden zum Trotz habe ich meinen Vortrag am 4. Mai veröffentlichen lassen. Die Reaktion aus Deutschland kam umgehend. Der hochlöbliche Ordinarius von Würzburg, der Conrad Rieger, hat in seinem Aufsatz verkündet, dass einem erfahrenen Irrenarzt bei der Lektüre meines Artikels das grausige Entsetzen überkommen müsse, weil darin dem paranoischen Gefasel über rein zufällige Ereignisse, die gänzlich unwichtig sind, eine enorme Bedeutung zugemessen wird. Das sei

„schauderhafte Altweiber-Psychiatrie"!" In seiner Borniertheit möchte der obergescheite Herr den Tatsachen nicht ins Auge sehen.

Aber meine Patientinnen haben sich während der Analyse schließlich – nach langem inneren Sträuben – dazu bekannt, dass sie in ihrer Kindheit von einem nahen Verwandten, zumeist vom Vater, zu sexuellen Handlungen verführt worden waren.

Das sind Fakten, die nicht zu leugnen sind.

Zur Strafe haben mich die Hohlköpfe isoliert. Anscheinend sind irgendwelche Parolen ausgegeben worden, mich zu meiden.

Ja, viele, die an mich glaubten, sind von mir abgefallen. Ich habe versucht, diesen Umstand mit Gleichmut zu ertragen. Meine Frau hat glücklicherweise von meiner Desperation nichts gemerkt.

Aber mein Herz hat darunter mehr gelitten als unter meinem vermehrten Tabakkonsum.

Eigentlich lächerlich, wie sehr mich diese Attacken mitgenommen haben – Migräne, Nasenbeschwerden und Anfälle von Todesangst. Bitte, Letzteres führe ich heute eher auf den unerwarteten Tod des Bildhauers Victor Tilgner zurück. Das hat mich schon sehr erschüttert, dass der mit erst 52 Jahren verstorben ist. Da ist mir meine eigene Sterblichkeit so schmerzlich bewusst geworden – vor dem Tod gibt es eben kein Entrinnen und er kann einen jederzeit ereilen.

Deprimierend war auch, dass im Mai meine Ordination zum ersten Mal völlig leer gewesen ist. Inzwischen hat sich das wieder einwenig gebessert und bald werden die Leidenden in Scharen zu mir strömen, wenn sich herumgesprochen hat, dass ich die Ursachen ihrer seelischen Störungen erkannt habe, und dass ich folglich definitiv imstande bin, Hysterie und Zwangsneurosen zu heilen.

Dafür werde ich kämpfen. Ich spüre in mir die Beharrlichkeit und die Leidenschaft meiner Ahnen, als sie todesmutig ihren Tempel in Jerusalem verteidigten.

Als Student habe ich mir oft die Büsten berühmter Leute angesehen, im Arkadenhof der Wiener Universität. Und jedes Mal entstand ein Bild in meinem Inneren, das zeigte mir meine eigene Büste und die Inschrift darunter war ein Zitat aus dem König Ödipus von Sophokles:

Er löste das berühmte Rätsel und war ein gar mächtiger Mann.

Arzt bin ich nicht aus lauter Begeisterung geworden; die gewöhnliche landläufige Ausübung dieses Berufes habe ich nie angestrebt. Schon als Kind wollte ich immer Forscher werden. Und als Gymnasiast und in der ersten Studienzeit habe ich keine andere Sehnsucht gekannt, als die nach philosophischer Erkenntnis – und ich bin jetzt im Begriff, sie zu erfüllen, indem ich von der Medizin zur Psychologie hinüberlenke.

Als Psychoanalytiker werde ich mir einen Namen machen.

Wo ich doch ein Glückskind bin! Ich bin mit unverletzter Eihauthülle zur Welt gekommen, mit einer „Glückshaut" – wie der Volkmund sagt. Und so werde ich denn auch mein Glück machen – mit 40 Jahren bin ich gerade im richtigen Alter dafür. Allzu frühe Berühmtheit kann schnell wieder verfliegen.

Ich spüre auch ein unbändiges Eroberergefühl in mir, eine Zuversicht des Erfolgs, welche meinen Durchbruch herbeiführen wird. Ich führe das darauf zurück, weil ich der unbestreitbare Liebling meiner Mutter gewesen bin. Und Menschen, die sich von der Mutter bevorzugt wissen, haben im Leben ein starkes Vertrauen zu sich selbst, sie bekunden einen unerschütterlichen Optimismus – so dass sie dadurch ihr Ziel geradezu erreichen *müssen*.

Allerdings könnte ich in meiner momentanen Situation den Professorentitel überaus gut gebrauchen – eigentlich müssten sie mich demnächst zum Professor ernennen. Das würde dann meiner Praxis frischen Aufschwung geben. Es ist nun einmal so, dass die Wiener ihr Zutrauen zum Spezialisten nach akademischen Graden messen.

II.

30. Juli 1896

Die Freundschaft mit Wilhelm Fließ tut mir wohl. Wilhelm versteht mich und meine Probleme. Er ist ja auch Arzt und Wissenschaftler. Vor allem ist er aber ein einzigartiger Mensch, die Gutmütigkeit selbst. Ich glaube nötigenfalls auch die Güte selbst – bei all seinem Genie – dabei die Sonnenklarheit seines Ausdrucks, die Courage, mit der er seine Thesen vertritt. Bewundernswert!

Seit drei Jahren tauschen wir regelmäßig Gedanken aus – zumeist brieflich, unsere Zusammenkünfte finden leider nur selten statt. Zu dumm, dass er in Berlin zuhause ist, das stört mich manchmal riesig.

Unsere Freundschaft beinhaltet bestimmt auch eine homosexuelle Komponente. Warum nicht? Wir sind beide der Ansicht, dass jeder Mensch bisexuelle Anlagen in sich trägt. Und es trifft sich günstig, dass Wilhelm ebenfalls Jude ist. Das gibt unserer Beziehung schon von vornherein eine gemeinsame, haltbare Basis. Vieles ist uns beiden dadurch selbstverständlich – ohne darüber großartig und lange palavern zu müssen.

Wilhelm macht es sich nicht leicht. Eventuell hat er sogar noch mehr Gegner unter den Kollegen als ich. Nachdem ich Ende Februar sein neues Manuskript über „Die Beziehungen zwischen Nase und weiblichem Geschlechtsorgan" gelesen hatte, war mir gleich klar, dass das zahllose Gehässigkeiten hervorrufen wird. Aber wir Pioniere der Wissenschaft müssen so etwas aushalten!

In einem Zug habe ich sein Werk gelesen. Es war spannend und faszinierend, wie schlüssig er beweisen kann, dass die Nase ein genitales Organ ist, ein Organ, das Schwellkörper besitzt und Lust zu erzeugen vermag.

Ende August werden wir einander für ein paar Tage treffen in Salzburg. Dann können wir endlich unseren gewohnten jährlichen Privatkongress abhalten und über unsere Arbeit diskutieren.

Sicher wird mir Wilhelm bei dieser Gelegenheit wieder streng ins Gewissen reden, dass ich mit dem Rauchen aufhören soll – oder dass ich es wenigstens reduziere.

Aber wenn ich nicht meine zwanzig Zigarren pro Tag konsumiere, bin ich es nicht. Rauchen ist eine der größten und billigsten Vergnügungen im menschlichen Leben. Nichtraucher kann ich nur bedauern. Gut, möglicherweise verkürzt Nikotin das Leben – aber ist es denn so ein großes Glück lange Jahre ohne Zigarren trostlos dahin zu vegetieren?

Martha hat es längst aufgegeben, mir wegen dieses Lasters Vorhaltungen zu machen. Martha ist mir ein gutes Eheweib. Sie ist ein Schatz – aber ich weiß das auch zu schätzen. Es hat in unserer Ehe noch kein lautes Wort gegeben.

Martha nimmt mir die meisten Alltagssorgen ab, so dass ich mich uneingeschränkt meiner Arbeit widmen kann. Schon bei der Morgentoilette kann ich auf sie zählen – da hat sie mir meine ausgebürstete Garderobe schon zurecht gelegt, sogar die Zahnpasta finde ich bereits auf der Bürste vor. Ja, sie ist eine vorzügliche Hausfrau und ich lasse ihr im Haus auch immer ihren Willen.

Das Zusammenhalten des Heimes und die Pflege und Erziehung der Kinder erfordern ja den ganzen Menschen und schließen natürlich einen Broterwerb zusätzlich aus.

Martha ist bürgerlich sittsam und meidet die dunkle triebhafte Sphäre der Neurose. Sie betrachtet meine Arbeit als eine Art Pornographie – darüber darf bei Tisch nicht gesprochen werden. Sie ist auch gegen eine Analyse an sich selbst und an den Kindern. Martha meint, unsere Kinder sind keine wissenschaftlichen Objekte. Ich respektiere das.

Als ich Martha zum ersten Mal begegnete, im April 1882, war sie knapp 21 Jahre alt und ich beinahe sechsundzwanzig. Sie war auf Besuch bei meinen Schwestern, saß am langen Tisch und plauderte. Wie ich gleich bemerkte, hatte sie eine angenehme Stimme und gab damit nicht so ein albernes Gewäsch von sich, wie es meine Schwestern bevorzugten. Während sie sprach, schälte sie mit zarter Hand einen Apfel und brachte mich völlig aus der Fassung damit. Eine seltsame Verwirrung bemächtigte sich meiner – ich konnte den Blick nicht von ihr lassen. Ihr Oberkörper war schmal und zierlich, ihr Gesichtchen auffallend blass mit tiefen Schatten unter den großen Augen – wie eine zauberhafte Puppe saß sie da.

Ich bin mir ziemlich sicher, dass Martha bei unserer Verlobung zwar „Ja“ gesagt hat, aber ohne meine heftige Zuneigung in gleicher Weise zu erwidern. Meine Liebe war unheimlich stark – und ich gönnte sie keinem anderen.

Die Reaktion von Marthas Mutter ernüchterte mich. „Einen Haushalt führen ohne Mittel ist ein Fluch – ich habe das jahrelang mitgemacht!“

An Heirat war also erst dann zu denken, wenn ich eine sichere Existenz zu bieten hatte.

Aus heutiger Sicht verstehe ich diese Einstellung, aber damals erschien sie mir rücksichtslos und grausam.

Mutter Bernays übersiedelte in der Folge zurück nach Hamburg, von wo sie 1869 gekommen war, und nahm Martha und ihre Schwester

Minna kurzerhand mit sich. „Eine lange Verlobung am selben Ort taugt nichts!“, sagte sie.

Notgedrungen verzichtete ich auf meine akademische Laufbahn zugunsten einer klinischen Tätigkeit, nahm eine untergeordnete Stellung als Aspirant an im Allgemeinen Krankenhaus – und nach vier Jahren wurde es mir möglich, eine eigene Praxis zu eröffnen.

Natürlich hatte es mich auch im Spital bald wieder zur Wissenschaft hingezogen. Nach einem halben Jahr wechselte ich von der Klinik für Innere Medizin zum hirnanatomischen Laboratorium, um mich in Richtung Neuropathologie zu spezialisieren.

Zugegeben – ich hatte dabei nur eines im Sinn: Ich wollte eine Aufsehen erregende Entdeckung machen und somit immens reich und weltberühmt werden. Unermüdlich arbeitete ich daran – zur Konzentrationssteigerung ließ ich mir Kokain schicken – und aufgrund seiner erstaunlichen Eigenschaften machte ich es prompt zum Untersuchungsobjekt. Meine Abhandlung über „Coca“ gab ich Hals über Kopf in Druck, es eilte – ich hatte nämlich Urlaub bekommen und wollte nichts anderes als schnell bei Martha sein.

Während meines Aufenthalts in Hamburg erntete ein anderer die Früchte meiner Arbeit. Karl Koller erwähnte zwar pflichtschuldigst meine Studien, er wies ehrlicherweise auf meine Vorarbeiten hin – doch nichtsdestotrotz wurde er umjubelt und gefeiert, weil er für die Chirurgie eine ideale Lokalanästhesie entdeckt hatte: die Betäubung des Auges mit Kokain bei Operationen.

Ich war zwar auch schon auf diesem Weg – aber ich bin zu spät gekommen. Obwohl ich mich dagegen wehrte, zuckte der Gedanke in mir auf, dass meine Braut Schuld daran hätte. Was natürlich Blödsinn war. Außerdem entschädigt doch eine langjährige glückliche Ehegemeinschaft für den Entgang an Jugendberühmtheit. Es hat halt nicht sollen sein – *damals*.

III.

25. August 1896.

Morgen fahre ich nach Salzburg, um mich mit Wilhelm zu treffen, vier Tage habe ich für unseren Privatkongress eingeplant. Danach zieht es mich weiter, zuerst nach Venedig und dann in die Toskana. Mein Bruder Alexander wird in Innsbruck zusteigen. Er ist ein idealer Reisegefährte.

Ja, ich will fort – was aber nicht heißt, dass ich mich in Aussee nicht wohl gefühlt hätte. Das bezeugt schon die Tatsache, dass ich bis zum heutigen Tag kein Verlangen hatte, Notizen in mein Heft zu kritzeln. Ich habe lieber weite Wanderungen in die Umgebung gemacht, in den Wäldern nach Pilzen gesucht – dafür habe ich einen guten Blick. Auf die Berge bin ich auch gestiegen, um mich an der alpenländischen Flora und Fauna zu ergötzen.

Vor allem mit den Kindern habe ich viel unternommen – in den Ferien bin ich ja dazu in der Lage, da hält mich kein sechzehnstündiger Arbeitstag gefangen.

Unser Annerl hat hier tüchtig zugenommen und drei weitere Zähne gekriegt. Der Oli war die ganze Zeit über ausgesprochen witzig – er hat sich selbst Lesen und Schreiben beigebracht; daher befasst er sich auch leidenschaftlich mit der Orthographie: Eine Hochwiese in unserer Nähe heißt „Bernmoos". Auf drei verschiedenen Hinweistafeln steht die Bezeichnung in drei verschiedenen Schreibweisen. Einmal mit einfachem „e", das zweite Mal mit Umlaut „a" – wie der Bär mit Fell und Tatzen – und das dritte Mal mit doppeltem „e" – wie in den aromatischen Erdbeeren. Nach kurzem Nachdenken äußerte sich Oli folgendermaßen: „Das kann man schreiben wie man will, das ist alles eins!"

Die drei Buben sind ja insgesamt ziemlich drollig, manchmal auch ein bisserl schlimm – Lausbuben halt.

Die Sopherl befindet sich derzeit im Stadium der Beauté – sie betrachtet sich unentwegt in ihrem kleinen Taschenspiegel.

Unsere Große, die Mathilde, mausert sich zusehends, sie scheint wirklich fesch zu werden ... die Scharlach-Erkrankung vom Frühjahr dürfte sie jetzt endgültig überstanden haben.

Ja, meine Horde wird mir schon fehlen – aber das Reisevergnügen wird den Trennungsschmerz besiegen.

Mein unbändiges Fernweh ist mir ja selbst schleierhaft, wo ich doch eine derartige Angst vor einem Zugsunglück habe, und das Umsteigen ist mir ein Gräuel – da fürchte ich mich jedes Mal davor, den Anschlusszug zu verpassen. Dazu noch meine überreizten Symptome in engen Zugabteilen. Also woher meine Reiselust stammt, ist mir wirklich schleierhaft.

IV.

25. Juli 1897

Gestern bin ich in Aussee angekommen und zu meinem lieben Gesindel dazugestoßen. Wir bewohnen dasselbe Haus wie im Vorjahr.

Es regnet in Strömen und ich habe mich in meine Klause gerettet, da drüben die Kinder durchs ganze Haus toben.

Das winzige Kanonenöfchen hier müht sich redlich ab, mich zu erwärmen. Wenn das Wetter so bleibt, werde ich mich morgen dicker anziehen müssen.

Gut, dass auch eine Petroleumlampe vorhanden ist, so kann ich wenigstens erkennen, was ich in die „Ausseer Notizen" hineinschreibe.

Als erstes werde ich vermerken, dass der Krafft-Ebing doch kein so ein arger Ignorant und Esel ist. Er hat mich gemeinsam mit Professor Nothnagel zum Professor vorgeschlagen. Denn von alleine – wie ich es in meiner Einfalt glaubte – kommt so eine Ernennung nicht zustande.

Vorigen Jahres, am 23. Oktober, ist mein Vater verstorben – und ich habe seinen Tod noch immer nicht verwunden. Seit seinem Hinscheiden habe ich ein recht entwurzeltes Gefühl. Wahrscheinlich ist der Tod des Vaters für einen Mann der entscheidendste Verlust im Leben.

Ich habe – vermutlich als Tröstung – mit dem Sammeln von kleinen Figuren begonnen; es sind meist Miniaturen antiker Figuren.

In der Nacht nach dem Begräbnis hatte ich einen eigenartigen Traum: Ich befand mich in einem Lokal und las dort eine Tafel:

Es wird gebeten, die Augen zuzudrücken!

Das Lokal erkannte ich gleich als den Friseurladen, den ich in Wien täglich aufsuche. Am Tag des Begräbnisses musste ich dort warten und kam darum etwas später ins Trauerhaus. Meine Mischpoche war damals mit mir unzufrieden, weil ich das Leichenbegräbnis still und einfach bestimmt hatte, was sie später freilich als durchaus berechtigt anerkannte. Die Familie nahm mir auch die Verspätung etwas übel.

Der Satz auf der Tafel ist mehrdeutig. Einerseits soll es mein Bedürfnis ausdrücken, dass mir mein Zuspätkommen und die einfache Art des Begräbnisses verziehen werden möge. Andrerseits betrifft der Satz auch meinen verstorbenen Vater: Ich soll ihm verzeihen – also wegen seiner Vergehen ein Auge zudrücken.

Des Weiteren könnte es eventuell auch noch bedeuten, dass mein Vater *mir* gegenüber nachsichtig sein sollte, weil ich ihn in jüngster Zeit ziemlich kritisch betrachtet hatte, ja sogar feindselig – ich hatte ihn zeitweise im Verdacht, Perversionen an mir und meinen Geschwistern verübt zu haben.

Und nun ist mir schmerzlich bewusst geworden, dass es dafür eigentlich keine stichhaltigen Beweise gibt – bloß dass wir alle mehr oder weniger hysterisch sind. Nicht nur meine Schwestern – Hysterie tritt ja, nach meinen Erfahrungen, auch bei Männern auf.

Also ist nun mein Vater schuldig oder habe ich Schuld auf mich geladen?

Ich werde die Ferienzeit in Aussee dazu nützen, mich selbst zu erforschen, vorwiegend in dieser Hinsicht.

Ich werde erst einmal versuchen, entscheidende Kindheitserlebnisse zu rekonstruieren, insbesondere diejenigen vor dem vierten Lebensjahr. Möglicherweise komme ich damit der Sache auf den Grund und meinen Neurosen auf die Schliche?

Dichter und Menschenkenner haben ja seit jeher behauptet, dass die Eindrücke dieser frühen Lebensperiode, obwohl sie meist der Amnesie verfallen, unvertilgbare Spuren in der Entwicklung des Individuums zurücklassen, und dass üble Erlebnisse die Disposition für spätere psychische Erkrankungen festlegen.

Eine frühe Kindheitserinnerung drängt sich mir – unerklärlicherweise – vehement auf. Das macht sie mir verdächtig. Die Protagonisten sind mein, um ein Jahr jüngerer, Neffe und seine mit mir gleichaltrige

Schwester – ich bin ja schon als Onkel auf die Welt gekommen, weil mein Vater zwei erwachsene Söhne aus seiner vorigen Ehe besaß – und ein Sohn davon, der Emmanuel, hatte bereits eben jene zwei Kinder, mit denen ich aufgewachsen bin; dann tritt noch meine Kinderfrau in Erscheinung und eine undefinierbare Bäuerin. Der Ort der Handlung liegt in Mähren – das heißt, die Geschichte muss sich vor meinem dritten Lebensjahr abgespielt haben, denn danach erfolgte schon der Umzug, erst nach Leipzig, dann nach Wien.

Die besagte Erinnerung ist sehr gut erhalten und mit allen Details der Sinneswahrnehmung gestaltet – im krassen Gegensatz zu meinen heutigen Erinnerungen.

Ich sehe dabei eine viereckige, etwas abschüssige Wiese, grün und dicht bewachsen; im Grün sind viele gelbe Blumen, offensichtlich der gewöhnliche Löwenzahn. Oberhalb der Wiese steht ein Bauernhaus, vor dessen Tür zwei Frauen stehen, die miteinander tratschen: die Bäuerin mit Kopftuch und meine geliebte Kinderfrau, die prähistorische Alte.

Auf der Wiese spielen wir drei Kinder. Wir pflücken die gelben Blumen ab und halten jedes eine Anzahl von bereits gepflückten in Händen. Den schönsten Strauß hat meine Nichte; wir Buben fallen wie auf Verabredung über sie her und entreißen ihr den Strauß. Sie läuft weinend die Wiese hinauf und bekommt zum Trost von der Bäuerin ein großes Stück Schwarzbrot.

Kaum, dass wir das gesehen haben, werfen wir die Blumen weg, eilen auch zum Haus und verlangen gleichfalls Brot. Wir bekommen es. Dieses Brot schmeckt mir in der Erinnerung ganz ausnehmend köstlich – und damit bricht die Szene ab.

Was an diesem Erlebnis rechtfertigt nun den Gedächtnisaufwand? Ich habe mir vergeblich den Kopf darüber zerbrochen; liegt der Akzent auf unserer Unliebenswürdigkeit gegen das kleine Mädchen? Bereue ich bis heute meine Bosheit? Warum hat mich das Gelb des Löwenzahns, den ich heute gar nicht mehr schön finde, derartig begeistert? Hat mir nach dem Herumtollen auf der Wiese das Brot viel besser geschmeckt als sonst, dass daraus ein unauslöschlicher Eindruck geworden ist?

Vielleicht erschließt sich mir morgen der Sinn des Ganzen?

Für heute mache ich Schluss – der Ofen ist ausgegangen.

V.

26. Juli 1897

Es regnet ohne Unterlass, und ich setze die Untersuchung meiner Kindheitserinnerung fort:

Ich habe den Eindruck, als ob es mit dieser Löwenzahn-Szene nicht richtig zuginge. Irgendetwas ist da! Das Gelb der Blumen sticht aus dem Ensemble gar zu sehr hervor, und der Wohlgeschmack des Brotes erscheint mir auch wie halluzinatorisch übertrieben.

Ich bin mir ziemlich sicher, dass mich diese Kindheitserinnerung in jüngeren Jahren gar nicht beschäftigt hat. Und ich kann mir auch den Anlass denken, von dem die Erweckung dieser Erinnerung ausgegangen ist: Mit 16 Jahren bin ich zum Ferienaufenthalt wieder in meinen mährischen Heimatort Freiberg gekommen – und zwar als Gast einer uns seit jener Vorzeit befreundeten Familie.

Ich weiß noch sehr gut, welche Fülle von Erregungen damals Besitz von mir ergriffen hat. Wir haben seinerzeit in Freiberg behaglich gelebt, ich bin ja das Kind von ursprünglich einigermaßen wohlhabenden Leuten. Bis die Katastrophe für meinen Vater in seiner Eigenschaft als Wollhändler hereinbrach. Er verlor ein Vermögen, sodass wir gezwungen waren, Freiberg zu verlassen.

Es kamen lange harte Jahre.

In Wien fühlte ich mich nicht sehr wohl. Die Sehnsucht nach den schönen mährischen Wäldern, in denen ich, kaum dass ich gehen konnte, dem Vater spaßeshalber zu entlaufen pflegte, hat mich damals gequält.

In diesen Ferien hatte ich als Jüngling die Gelegenheit, die gemütliche Behäbigkeit, die dort herrschte, mit der Lebensweise bei uns zu Hause in der Metropole zu vergleichen.

In der gastlichen Familie war eine vierzehnjährige Tochter, in die ich mich sofort verliebte. Es war meine erste Schwärmerei – dementsprechend ausgeprägt, aber geheim gehalten. Das Mädchen reiste nach wenigen Tagen ab in das Erziehungsinstitut, aus dem es gleichfalls auf Ferien gekommen war. Diese Trennung nach so kurzer Bekanntschaft brachte das Verlangen und die Liebe erst recht in die Höhe.

Ich erging mich viele Stunden lang in einsamen Spaziergängen durch die wieder gefundenen Wälder, mit dem Aufbau von Luftschlössern beschäftigt, die seltsamerweise nicht in die Zukunft strebten, sondern die Vergangenheit zu verbessern suchten.

Was wäre geschehen, wenn der Zusammenbruch des Wollhandels damals nicht eingetreten wäre, wenn ich in der Heimat geblieben wäre, auf dem Lande aufgewachsen, so kräftig geworden wäre wie die jungen Männer des Hauses, die Brüder der Angebeteten?

Ich stellte mir vor, wie ich dann den Beruf des Vaters fortgesetzt hätte und schließlich der Ehemann des Mädchens geworden wäre.

Ich zweifelte natürlich keinen Augenblick daran, dass ich sie unter den Umständen, welche meine Fantasie schuf, ebenso heiß geliebt hätte, wie ich es damals wirklich empfand.

Sonderbar, wenn ich sie jetzt gelegentlich sehe – sie hat zufällig nach Wien geheiratet – ist sie mir ganz außerordentlich gleichgültig, und doch kann ich mich genau erinnern, wie lange nachher die gelbe Farbe des Kleides, das sie beim ersten Zusammentreffen trug, auf mich gewirkt hat, wenn ich dieselbe Farbe irgendwo wieder sah.

Gibt es da eventuell eine Beziehung zwischen dem Gelb des Löwenzahns und dem Gelb des Kleides?

Obwohl – es war nicht dasselbe Gelb. Das Kleid war eher gelbbraun wie Goldlack.

Gut, später in den Alpen habe ich gesehen, dass manche Blumen, die in der Ebene lichte Farben haben, sich auf den Höhen in dünklere Nuancen kleiden. Wenn ich nicht sehr irre, gibt es auf den Bergen häufig eine, dem Löwenzahn sehr ähnliche Blume, die aber dunkelgelb ist; diese würde dann dem Kleid der damals Verehrten in der Farbe ganz entsprechen.

Ich sehe schon, darüber werde ich noch länger nachgrübeln müssen. Für heute schließe ich mein Notizheft.

VI.

27. Juli 1897

Der starke Dauerregen hat die Traun über die Ufer treten lassen. Wir hier heroben fühlen uns sicher.

Ich brüte über Löwenzahn und Landbrot – und glaube, ich muss weiter ausholen, um zu einem Ergebnis zu kommen.

Mit 19 Jahren war ich in den Ferien in England auf Besuch bei meinem Halbbruder, traf also die Kinder wieder, die meine ersten Gespielen gewesen waren. Die Familie hatte gleichzeitig mit uns Freiberg verlassen und war in Manchester zu schönem Wohlstand gekommen.

Ich war schon auf der Universität und gehörte ganz den Büchern. Zwischen meinem Halbbruder Emmanuel und meinem Vater bestand der Plan, dass ich mein abstruses Studium gegen ein praktisch besser verwertbares vertauschen sollte. Nach Beendigung der Studien und Ergreifung eines einträglichen Berufes sollte ich mich dann in Manchester niederlassen und meine Nichte zur Frau nehmen.

Aufgrund meines Widerstandes ließ man jedoch den Plan wieder fallen.

Später erst, als junger Gelehrter, als die Not des Lebens mich hart anfasste, mag ich wohl manchmal daran gedacht haben, dass der Vater es damals eigentlich gut mit mir gemeint hatte.

In dieser Zeit des harten Ringens ums Brot taucht erstmals die Kindheitsszene auf – in der Zeit, wo ich auch die erste Bekanntschaft mit der Alpenwelt geschlossen habe.

Bergtouren waren damals das einzige Vergnügen, das ich mir erlaubte.

Das könnte bedeuten – da mir ja das Landbrot so gut geschmeckt hatte in meiner Fantasie – dass, wenn ich in Mähren geblieben wäre, das gelbe Mädchen geheiratet hätte, ein sorgloses Leben hätte führen können.

Die Blume wegwerfen, um ein Brot dafür einzutauschen, scheint aber für die Absicht des Vaters zu einem späteren Zeitpunkt zu stehen: Ich sollte auf ein unnützes Studium verzichten zugunsten eines „Brotstudiums".

In der Kindheitsszene sind Elemente, die sich auf diese zweite Fantasie beziehen könnten, also wenn ich meine Nichte geheiratet hätte.

Die Blumen wegwerfen, um ein Brot dafür einzutauschen, scheint keine schlechte Verkleidung zu sein für die Absicht, die mein Vater im Hinblick auf England mit mir hatte.

So habe ich also die beiden Fantasien, wie sich mein Leben angenehmer hätte gestalten können, miteinander verschmolzen und *eine* Kindheitserinnerung daraus gemacht.

Aber dann wäre es ja gar keine echte Kindheitserinnerung, sondern eine in die Kindheit zurückverlegte Fantasie?

Mir sagt aber ein Gefühl, dass die Szene echt ist.

Wie vereint sich das?

Ich habe wahrscheinlich aus unzählig vielen ähnlichen Erinnerungen diese hervorgesucht, weil sie sich wegen ihres – an sich gleichgültigen – Inhalts zur Darstellung der beiden – für mich bedeutungsvollen – Fantasien eignete.

Jetzt wundere ich mich nicht mehr über die Häufigkeit der Wiederkehr dieser Szene im Gedächtnis, weil sie wichtige Begebenheiten meiner Lebensgeschichte illustriert, den Einfluss der beiden mächtigsten Triebfedern: des Hungers und der Liebe.

Da fällt mir dazu noch ein: Einem Mädchen die Blume nehmen heißt ja im übertragenen Sinne „deflorieren".

Derartige kühne Fantasien konnten aufgrund meiner notorischen Schüchternheit leicht entstehen.

Es handelt sich also nicht um eine bewusste Fantasie, die ich erinnern kann, sondern eine unbewusste, die sich in diese Kindheitserinnerung verwandelte.

Kurz: Unbewusste Gedanken, welche die bewussten fortsetzen. Genau.

Ich dachte mir: Wenn ich die oder die geheiratet hätte … und dahinter entsteht der Antrieb, sich dieses Heiraten vorzustellen. Das Verlockendste an dem ganzen Thema ist ja für den nichtsnutzigen Jungen die Vorstellung der Brautnacht. Diese Vorstellung wagt sich aber nicht ans Licht und weicht in eine Kindheitserinnerung aus – kommt in *verblümter* Form zutage. „Verblümt" ist hier wirklich der treffende Ausdruck.

Sehr schön. Jetzt kann ich ruhigen Gewissens das „Ausseer Notizheftchen" zumachen und hinüber gehen und schauen, was meine Bande für einen Unfug treibt.

VII.

30. Juli 1897

Die sintflutartigen Regenfälle haben die Bahndämme unterspült und die Gleise weggeschwemmt. Sowohl im Kainischtal als auch im Koppental. Also sind wir von beiden Seiten mit der Eisenbahn unerreichbar. Das Treffen mit Wilhelm fällt daher effektiv ins Wasser. Schade. Unser Privatkongress muss auf unbestimmte Zeit vertagt werden.

Heute um 6 Uhr früh hat ein aufmerksamer Bahnwärter einen Personenzug vor dem Absturz in die Traun bewahrt. Seine Heldentat hat sich in Windeseile herumgesprochen. Meiner alten Angst vor Zugsunglücken gibt dieser Vorfall leider frische Nahrung.

Als Ablenkung stürze ich mich erneut auf die Klärung meiner Kindheitserinnerung und bezweifle wieder die Echtheit der Löwenzahnszene.

Durch die Produktion einer derartigen Fantasie habe ich gleichsam die Erfüllung der beiden unterdrückten Wünsche hergestellt: nach dem Deflorieren und nach dem Wohlstand.

Aber da ich mir von den Motiven, die zur Entstehung der Löwenzahnpflückerei führten, so vollständig Rechenschaft geben kann, muss ich annehmen, dass es sich hier um etwas handelt, was sich überhaupt niemals ereignet hat, sondern unrechtmäßig unter meine Kindheitserinnerungen eingeschmuggelt worden ist.

Jede derartige unterdrückte Fantasie hat doch die Tendenz, in eine Kindheitsszene auszuweichen – dies gelingt aber nicht, wenn nicht eine Erinnerungsspur vorhanden ist, deren Inhalt mit dem der Fantasie Berührungspunkte bietet, die ihr entgegenkommt.

Ist erst ein solcher Berührungspunkt gefunden – hier ist es das Deflorieren, die Blume wegnehmen – so wird der übrige Inhalt der Fantasie so weit umgemodelt, bis sich Beziehungen mit dem Inhalt der Kinderszene ergeben haben.

Allerdings spricht für die Echtheit der „Löwenzahn-Brotgeschichte" – außer dem Gefühl – noch etwas anderes: Sie enthält Züge, die nicht auflösbar sind, auch zu den aus der Fantasie stammenden Bedeutungen nicht passen. So etwa wenn der Neffe mithilft, die Kleine des Blumenstraußes zu berauben.

Könnte ich mit einer solchen Hilfeleistung beim Deflorieren einen Sinn verbinden? Nein!

Ich habe sicher niemals das Verlangen danach verspürt, ein Mädchen zu zweit zu entjungfern.

Gilt ein Blumenstrauß als Einzahl oder als Mehrzahl, da ja etliche Blumen in ihm gebündelt sind?

Und was ist mit der Gruppe der zwei tratschenden Weiber oben vor dem Haus – der Bäuerin und dem Kindermädchen? Wie verhält es sich damit? Mein Kindermädchen müsste eigentlich eine Rolle spielen – war sie doch wie eine zweite Mutter für mich.

Die Fantasie deckt sich also nicht ganz mit der Kindheitsszene, sie lehnt sich bloß in einigen Punkten an sie an. Das spricht eindeutig für die Echtheit der Kindheitserinnerung.

Und bei allem Denken an längst vergangene Zeiten, wurde mir deutlich, dass ich beim Besuch in Freiberg im Eigentlichen mehr für die Mutter geschwärmt habe als für die bald entschwundene Tochter.

Diese Fabrikantengattin wurde mir zum Idealbild der Frau. Sie war zwar nicht so schön wie meine eigene Mutter, besaß aber andere liebenswerte Eigenschaften. Ihre Augen strahlten ein geistreiches, keckes Feuer aus; sie war enorm belesen und allen Künsten aufgeschlossen. Sie ermuntert mich, bei Tisch frei und offen über Alles zu sprechen.

Sie war stets gut gelaunt und nahm sich auch um die Seelen ihrer Kinder an. Meine Mutter war da anders, sie war oft schlecht gelaunt oder traurig und kümmerte sich höchstens um die leiblichen Angelegenheiten ihrer Kinder – eine Aufsicht über die geistige Entwicklung übte sie niemals aus, unsere seelischen Bedürfnisse waren ihr ziemlich egal.

Apropos „Mutter“! Nach den Ferien werde ich sie nach einigen Details aus meiner frühen Kindheit befragen – speziell, was das Schicksal meiner geliebten Kinderfrau betrifft, der prähistorischen Alten.

Vorerst lege ich einmal meine „Löwenzahnerinnerung“ ad acta.

VIII.

18. August 1897

Nach dem großen Regen ist jetzt eine große Hitze über uns hereingebrochen. Das heiße Wetter untertags ermüdet mich sehr und ruft bei mir Herzzustände und Migräne hervor.

Momentan hat jedoch das Reisefieber die Oberhand gewonnen, es lässt mich nicht schlafen. Daher werde ich mir hier in meinem kleinen Refugium die Nachtstunden vertreiben; zwei Kerzen habe ich als Unterstützung für die Petroleumlampe mitgebracht.

Der Zugverkehr funktioniert wieder in alle Richtungen – und morgen fahren wir ab nach Venedig. Martha freut sich schon sehr darauf.

Ich bin unlängst draufgekommen, warum ich so oft vom Fernweh überfallen werde: Das rührt daher, weil ich als armer Gymnasiast immer wieder daran zweifelte, ob ich je in der Lage sein würde, viel und weit zu reisen. Daraus hat sich – als Bestätigung dafür, dass sich meine Lage etwas gebessert hat – meine Reiselust entwickelt. Und warum ich auf der Fahrt fürchte, einen Zug zu verpassen, das stammt davon, weil ich seinerzeit bei meiner Reise nach Manchester in Köln beinahe einen Anschlusszug nicht erreicht hätte. Nun habe ich unlängst auch erkannt, warum mir dieses Missgeschick damals fast passiert wäre – nämlich aus einer Rückerinnerung meines Blutes, aus Pietät für den tragischen Schicksalsschlag meiner Vorfahren, die im Mittelalter durch einen Pogrom aus Köln vertrieben worden waren – das hat mich damals am Bahnhof zurückgehalten.

Während der Abwesenheit von Martha wird ihre Schwester Minna auf die Kinder aufpassen – das ist kein Problem, der Nachwuchs respektiert die Tante Minna. Sie ist voriges Jahr für zwei Wochen auf Besuch gekommen und bis heute geblieben – und sie wird wahrscheinlich bis zu ihrem Lebensende bei uns bleiben.

Mir ist das Recht, ich mag Minna, sie ist außergewöhnlich klug und ein guter Gesprächspartner. Und sie hat ja keine eigene Familie – sie blieb unverheiratet, seit ihre Verlobung vor zwölf Jahren in die Brüche gegangen ist.

Für meine Frau ist die Fahrt nach Venedig so etwas wie eine nachgeholte Hochzeitsreise. Es wird allerdings eine etwas seltsame Hochzeitsreise werden – eine Hochzeitsreise ohne Beischlaf.

Nach der Geburt vom Annerl wollte Martha auf keinen Fall mehr weitere Kinder kriegen – und so haben wir uns auf die sicherste Art der Empfängnisverhütung geeinigt – auf totale Abstinenz.

Für einen wie mich ist demnach sexuelle Erregung nicht mehr angebracht. Zum Glück ist der Sexualtrieb mit der Fähigkeit der Sublimierung begabt; er ist imstande, sein nächstes Ziel gegen andere, höher gewendete, nicht sexuelle Ziele auszutauschen.

Befriedigenden Sexualverkehr in der Ehe gibt es ohnehin nur in den ersten Jahren – dann versagt die Ehe, insofern sie rein auf die Befriedigung sexueller Bedürfnisse ausgerichtet war.

Ich werde doch ein Schlafmittel einnehmen, sonst bin ich Morgen zu nichts mehr zu gebrauchen.

IX.

29. Juli 1898

Schwämme gibt es leider noch nicht, wie ich mich heute früh auf einem 4-stündigen Marsch durch meine Pilzreviere überzeugen konnte. Vom Loser, der Trisselwand und dem Tressenstein habe ich nur verschleierte Andeutungen gesehen. Der Dachstein ließ sich überhaupt nicht blicken. Dafür hat es jetzt zu regnen begonnen und wir frieren nach Herzenslust. Ich kann kaum schreiben vor Kälte.

Aussee ist der richtige Ort für die Erwerbung von Ischias und Neuralgie!

Als ich vergeblich nach Pilzen Ausschau hielt, habe ich einen guten Vergleich mit Pilzen und Träumen gefunden: Wenn man Träume deutet, gelangt man unweigerlich zu einem dichten Geflecht wirrer Traumgedanken, die nach allen Seiten hin in die netzartige Verstrickung unserer Gedankenwelt auslaufen. Aus einer dichteren Stelle dieses Geflechts erhebt sich dann der Traumwunsch wie der Pilz aus seinem Mycelium.

Vor einem Jahr habe ich, während des Ausseer Dauerregens, begonnen, eine Sammlung tiefsinniger jüdischer Geschichten anzulegen. Das hat sich mehr und mehr zu einer Sammlung von Witzen entwickelt. Ich weiß nicht, ob es sonst noch häufig vorkommt, dass sich ein Volk in solch einem Ausmaß über sein eigenes Wesen lustig machen kann.

Den Lieblingswitz meines Vaters nehme ich selbstverständlich auch hinein: „Da borgt sich ein Jude Geld und wird kurz darauf von seinem Gläubiger erwischt, wie er in einem vornehmen Restaurant Lachs mit Mayonnaise speist. Natürlich wird er deswegen angeherrscht. Der Beschuldigte rechtfertigt sich folgendermaßen: ‚Wenn ich kein Geld habe, *kann* ich nicht essen Lachs mit Mayonnaise – wenn ich Geld habe, *darf* ich nicht essen Lachs mit Mayonnaise. *Wann* soll ich dann essen Lachs mit Mayonnaise?'"

Übrigens stellt sich schön langsam aber sicher heraus, dass eine derartig starke Verbreitung väterlicher Perversionen unwahrscheinlich ist. Diese Perversionen müssten ja noch viel häufiger sein als das Auftreten der Hysterie, da ja die Erkrankung nur dort passiert, wo sich solche Ereignisse gehäuft haben und ein, die Abwehr schwächender, Faktor hinzugetreten ist.

Vielmehr habe ich herausgefunden, dass es im Unbewussten ein Realitätszeichen nicht gibt, so dass man die Wahrheit und die, mit Affekt besetzte, Fiktion nicht unterscheiden kann. Die außer Kontrolle ge-ratenen triebhaften Wünsche und Fantasien der Kinder in Bezug auf ihre Eltern dürften also der Ursprung von psychischen Störungen sein.

Meine Mutter hat mir von meiner Kinderfrau berichtet, dass sie eine ältliche Person gewesen sei, schlau und gerissen, sie hat mich in alle Kirchen geschleppt und wenn ich dann wieder daheim war, habe ich gepredigt wie ein katholischer Pfarrer. Einige Wochen vor unserem Weggang aus Freiberg ist sie als Diebin entlarvt worden und sie wurde zu zehn Monaten Gefängnis verurteilt.

Dieser Bericht hat mich dazu angeregt, noch tiefer in meine Erinnerungen einzudringen – und dabei ist zutage gekommen, dass bei mir mein Vater keine aktive Rolle als sexueller Attentäter gespielt hat. Es war schlichtweg falsch, auf ihn zu schließen – die Urheberin meiner diesbezüglichen Neurose ist nämlich jene prähistorische Alte gewesen, meine Kinderfrau. Nur der Himmel weiß, was sie bei der allabendlichen Waschung mit meinem kleinen Penis angestellt hat!

Es erleichtert mich ungemein, dass ich daher meinen Alten posthum von der Anklage freisprechen kann, sexuelle Angriffe gegen mich verübt zu haben. Punkto meiner Hysterieuntersuchung scheint es wieder diskutierbar, dass erst spätere Erlebnisse den Anstoß zu Fantasien geben, die auf die

Kindheit zurückgreifen. Ich habe es nicht geschafft, die Fantasien meiner Patientinnen über ihre Kinderjahre von realen Erinnerungen zu unterscheiden. Am liebsten würde ich den ganzen Hysterieschmarren im Stich lassen. Warum bin ich kein Hersteller von Klosettpapier oder Schuhbändern geworden?

Die Erwartung des ewigen Nachruhms war so schön und der pekuniäre Reichtum hätte *mir* die volle Unabhängigkeit und *den Kindern* die Hebung über die schweren Sorgen ermöglicht, die mich um meine Jugend brachten.

Neben der Enttäuschung darüber, dass mein kunstvoll erbautes Hysterie-Gebäude zusammenzustürzen droht – bin ich auf etwas Wichtiges gestoßen. Ich nenne meine neue, viel versprechende Errungenschaft „die These vom Ödipuskomplex" – „Ödipus" deshalb, weil ja Ödipus – ohne um seine Herkunft zu wissen – seinen Vater tötete und die Mutter ehelichte. Ich postuliere in meiner These das Phänomen unbewusster libidinöser Bindung zur eigenen Mutter, also eine intensive Verliebtheit – bei gleichzeitiger Rivalität und Eifersucht gegenüber dem Vater. Das gilt natürlich nur für die Buben – bei den Mädchen wird es wohl umgekehrt sein.

Vielleicht schaffe ich mit dem „Ödipuskomplex" den Durchbruch? Meine Widersacher werden wieder alle über mich herziehen; sie wollen sicher, unter allen Umständen, der Kindheit die reine Unschuld bewahren – damit muss ich rechnen.

Bei diesem Sauwetter freue ich mich gesteigert auf die Reise in den warmen Süden. Sie wird mich nach Südtirol und Oberitalien und in die Schweiz führen. Am 4. August geht es los und am 15. August werden wir zurück sein. Dieses Mal begleitet mich Minna. Später fahre ich dann auch noch mit Martha weg, und zwar nach Dalmatien, voraussichtlich vom 31. August bis 13. September.

Die alte Angst, mein Ziel nicht zu erreichen, plagt mich derzeit ständig – das bezieht sich sowohl auf meine geplante Reise als auch auf meine berufliche Laufbahn.

X.

20. August 1898

Seit fünf Tagen sind wir zurück. Das aus wenigen Elementen in einfachen Linien zusammengestellte Engadin war wirklich herrlich, eine Art Nachrenaissance von Landschaft. Minna war mir die gesamte Tour über eine hervorragende Reisebegleitung, mindestens genau so tüchtig wie mein Bruder Alex.

Sie zählte brav und oft das Gepäck, weil ich ja von der unablässigen Furcht geplagt bin, einen Koffer zu verlieren. Außerdem hat mich Minna geschickt davon abgehalten, schon eine Stunde vor der Abfahrt des Zuges am Bahnsteig zu warten; auch sorgte sie stets für genügend Proviant – und war bei aller Mühe durch keine Strapaze zu erschöpfen.

Maloja hieß die letzte Station unserer Reise.

Gleich dahinter liegt ja Italien, aber ein italienischer Charakter war nicht zu sehen und zu spüren. Die Landschaft erinnerte mich mit seinem See und den Bergen eher an Altaussee oder Grundlsee, nur dass in Maloja der Gletscher weit näher lag als der Dachsteingletscher hier.

Im Engadin war es ziemlich heiß und diese Hitze haben wir dann auch in Obertressen wieder gefunden.

Wir liegen von 10 Uhr früh bis 6 Uhr abends auf verschiedenen Unterlagen beisammen, ohne einen Schritt über die Grenzen unseres kleinen Gutes zu wagen. Wir dösen und plaudern, die Kinder spielen im Schatten des Hauses. Heute amüsierten wir uns über das Annerl, weil es eine kleine römische Statuette, die ich in Innsbruck erstanden hatte, nicht unpassend „ein altes Kind" nannte.

Da in Innsbruck auch das Andreas-Hofer-Denkmal steht, sind wir bei unserem Geplauder auch auf das Lied „Zu Mantua in Banden" gekommen. Und mir fiel nicht und nicht ein, wie der Nachname des Dichters davon heißt. Der Vorname „Julius" ist mir gleich eingefallen.

Erst jetzt, in meinem Zauberflötenhäuschen, in das ich mich nach dem Nachtmahl begeben habe, ist mir der Zuname eingefallen: Es handelt sich natürlich um Mosen. Wie mir dieser Name entfallen konnte, ist mir ein Rätsel. Der Mann hat mich immer besonders interessiert, weil er ein jüdischer Burschenschaftler in Jena gewesen ist. Ich muss den Namen aus irgendeinem Grund verdrängt haben.

Nun, es wird wohl die Ähnlichkeit zwischen Mosen und der umgangssprachlichen Bezeichnung für die Mehrzahl der Vagina gewesen sein. Das weibliche Geschlechtsorgan hat mich ja jüngst in ein arges Dilemma gebracht.

In Maloja war das Geld schon bedenklich knapp geworden – und, um zu sparen, habe ich uns ein Doppelzimmer genommen und nicht zwei Einzelzimmer wie bisher.

Nach dem Abendessen haben wir dann das Zimmer mit dem großen Ehebett aufgesucht – und uns züchtig, von einander abgeschirmt, die Nachthemden angezogen. Dabei unterhielten wir uns etwas verlegen und aufgesetzt belanglos.

In Wirklichkeit waren meine Gedanken woanders: Die gesamte Reise war ja, was uns beide betrifft, ungewöhnlich harmonisch verlaufen. Wir wurden ein Herz und eine Seele. Minna faszinierte mich mit ihrer energischen, selbstsicheren Art und der regen Anteilnahme an meiner Arbeit. So nach und nach fand ich sie auch körperlich anziehend, obwohl sie im Gesicht nicht ausgesprochen fraulich ist. Aber sie ist halt mit ihren 33 Jahren um vier Jahre jünger als Martha und nicht durch sechs Geburten verbraucht.

Mit dem Gutenachtküsschen flammte unsere Begierde auf. Ich hatte doch schon seit Jahren keinen Geschlechtsverkehr mehr gehabt – und Minna vermutlich überhaupt noch nie.

Wir fielen wie die Tiere übereinander her – aber wie auf ein geheimes Zeichen machten wir beide Halt und schreckten vor der eigentlichen Kopulation zurück.

Der Vorfall ist ja erst eine Woche her, und ich bin mir nicht sicher, ob ich meine Standhaftigkeit nicht bereuen soll.

Man darf doch keine Gelegenheit versäumen, das Leben ist so kurz – und der Tod unvermeidlich.

Andrerseits glaube ich, sind wir beide heilfroh, dass wir es nicht bis zum Äußersten getrieben haben.

Wir können folglich ein jeder der guten Martha offen in die Augen schauen.

Und ich fühle, dass wir durch dieses Erlebnis ein für alle mal gegen derartige Versuchungen gefeit sind.

Ich denke, ich bin lieber Prinz Tamino als Papageno.

XI.

17. Juli 1905

Wir haben uns in Obertressen, in unserem alten Quartier, häuslich eingerichtet. Drei Möbelwagen mit Wäsche, Küchengeschirr, Essensvorräten, Kleidung und so weiter haben wir von Wien nach Aussee beordert. Martha hat das organisiert – ich werde wohl ewig in ihrer Schuld bleiben. Einige meiner kleinen Plastiken sind auch mitgekommen, fachmännisch verpackt, nichts ist zerbrochen. Meine Sammlung von antiken Gegenständen hat sich in der Berggasse vom Schreibtisch aus über das ganze Behandlungszimmer bis in die Bibliothek hin ausgebreitet.

Hier – das Haus Pressl – hat sich seit sieben Jahren kaum verändert; am Dach sind ein paar Schindeln ausgewechselt worden und die Fenster und Türen wurden gestrichen. Das Gasthäuschen steht auch noch – allen Wettern zum Trotz.

Ich werde bis Anfang September in Obertressen bleiben, danach fahre ich mit Minna nach Oberitalien und in die Schweiz – da gibt es noch ein paar Plätze, die wir gerne sehen möchten.

Zum Glück erlauben mir derzeit meine Finanzen diesen Urlaubsluxus: die Praxis läuft ganz gut – und obwohl der Verkauf meiner Bücher nicht überragend ist, wächst meine Anhängerschaft langsam aber unaufhaltsam.

Ich gehe jetzt auf die Fünfzig zu – wenn mir das Schicksal noch ein paar Jahre gönnt, bin ich vielleicht imstande, der Erde ein anderes Gesicht zu geben.

Die Selbstanalyse hat es fertig gebracht, dass ich fähig wurde, vor vier Jahren nach Rom zu reisen.

Meine Rom-Sehnsucht war ja tief neurotisch. Das rührte aus meiner Gymnasialzeit her – damals war Hannibal mein Liebling, weil er die Römer gehasst hat – so wie ich diejenigen hasste, die die Juden nicht mochten. Rom und Hannibal symbolisierten für mich die Allmacht der römisch-katholischen Kirche auf der einen Seite und die Zähigkeit der Juden auf der anderen. Und so wie Hannibal seinem Vater schwören musste, Rache an den Römern zu nehmen, so wollte ich mich an den Antisemiten rächen. Auslöser dafür war eine Geschichte, die mir mein Vater erzählte, als ich ins Gymnasium eintrat.

Die leidige Geschichte spielte sich noch in Freiberg ab. An einem Sabbat ist mein Vater dort spazieren gegangen – mit einer neuen Pelzmütze. Da kam ihm ein Christ entgegen und schlug ihm die Mütze vom Kopf in den Straßenkot. Dazu rief er: „Jud, herunter vom Trottoir!"

Auf meine Frage, was er denn dann getan hätte, antwortete mein Vater: „Nu, ich hab die Mütze aufgehoben und geschaut, dass ich weiterkomm!"

Damals, nach dieser Antwort, hatte ich beschlossen, mich niemals derartig demütigen zu lassen. Ich wollte es den Judenhassern zeigen – und begann gleich damit, dass ich jedes Schuljahr Klassenprimus wurde.

Und es gibt von der Gehsteig-Geschichte einen Zusammenhang mit meiner Sucht zu reisen: Das ist ein Versuch der Loslösung von meinem Vater. Dabei spielt es keine Rolle, dass er bereits gestorben ist.

Mein Bestreben, es weiter zu bringen als mein Vater, mehr Ansehen zu genießen, drückt sich darin aus, dass ich mir weite Reisen leisten kann.

Mein Vater war ja, seit wir in Wien gelandet waren, mit irgendwelchen „Projekten" beschäftigt, über die keiner etwas Genaues wusste. Ich erkannte allmählich, dass uns hauptsächlich meine Halbbrüder ernährten, indem sie Geld aus England überwiesen. Das fand ich beschämend.

Es gab zwei Städte, zu denen es mich unwiderstehlich hinzog – in meiner Fantasie bereiste ich sie immer wieder, sozusagen mit dem Finger auf der Landkarte. Rom war eine der beiden Sehnsuchtsstädte, und mein lang ersehnter Rombesuch wurde zum Höhepunkt meines bisherigen Lebens.

Mein Bruder Alex konnte damals meine überaus frenetische Begeisterung gar nicht fassen. Vor allem die Moses-Statue von Michelangelo in der Kirche San Pietro in Vincoli hatte es mir angetan. Alexander war auch geradezu entsetzt darüber, dass ich Moses für einen Ägypter hielt, für einen Sohn vornehmer Eltern, allein schon des ägyptischen Namens wegen. Meine Beteuerung, dass das der Würde unseres ehrwürdigen Gesetzgebers keinen Abbruch täte, fruchtete nichts.

Apropos „Moses“: Heute habe ich mir die „Ausseer-Notizen“ durchgeblättert und bin auf Julius Mosen gestoßen, den Dichter des Andreas-Hofer-Liedes. 1898 habe ich einen Zusammenhang mit dem weiblichen Geschlechtsorgan hergestellt – das stimmt bestimmt – aber ein weiterer Grund, warum mir der Name Mosen nicht eingefallen ist, könnte darin liegen, dass sich der Dichter erst nach 1844 Mosen nannte, vorher hieß er *Moses*. Vermutlich wollte ich, aus Ehrfurcht, den biblischen Anführer der Juden nicht mit weiblichen Genitalien in Verbindung bringen.

Nach der Rückkehr aus Rom besaß ich endlich die Kraft, mich um die, noch immer ausstehende, Professur zu kümmern.

Mein einstiger Lehrer Sigmund Exner gab mir den Rat, mir einflussreiche Verbündete zu suchen. Ich wandte mich daher an meine ehemalige Patientin Elise Gomperz, die über ihren Gatten mit dem Minister für Kultus und Unterricht gut bekannt war. Frau Gomperz war es daher leicht möglich, persönlich beim Minister in meiner Angelegenheit vorzusprechen – und dabei brachte sie in Erfahrung, dass der seinerzeitige Vorschlag von Krafft-Ebing und Nothnagel, mich zum außerordentlichen Professor zu machen, überhaupt nie in des Ministers Hände gelangt war. Arglistige Feinde hatten den Antrag, dem Anschein nach, einfach verschwinden lassen. Nun nahm der Minister Hartel die Sache selbst in die Hand – was dazu führte, dass ich am 5. März 1902 – mit eigenhändiger Unterschrift von Kaiser Franz Joseph – gegen den Willen von Bürgermeister Lueger – zum Professor ernannt wurde.

Es ergab sich, dass mein Bruder Alex am selben Tag eine Dankaudienz beim Kaiser erhielt – allerdings ein wenig später als ich. Alexander, der ja eine anerkannte Autorität im Tarif- und Verkehrswesen ist, der alle Bahnhöfe der Monarchie kennt, jede Zugsverbindung im Schlaf aufsagen kann, war zum „Kaiserlichen Rat“ ernannt worden. Eine Professur hatte er schon längst – und zwar für Tarifkunde an der Exportakademie in Wien.

Wir bekamen, jeder gesondert, zehn Minuten Zeit, um dem Kaiser zu danken – und ich bin mir sicher, dass Seine Majestät mit Verkehrsfragen und Bahnhöfen weit mehr anfangen konnte, als mit den Errungenschaften der Psychoanalyse.

XII.

19. Juli 1905

Meine zweite Sehnsuchtsstadt heißt Athen.

Voriges Jahr war ich endlich dort mit meinem Bruder Alex. Ich zeigte ihm nicht, dass ich etwas befremdet darüber war, dass die Akropolis tatsächlich existierte. Schließlich wollte ich von ihm nicht für völlig verrückt gehalten werden. Mein Befremden stammte aus meiner Schulzeit, da hatte ich das Vorhandensein der Akropolis negiert und in den Bereich der Mythen geschoben.

In Athen begriff ich nun, dass ich an der Existenz der Akropolis deshalb gezweifelt hatte, weil ich in meinen Gymnasialjahren befürchtet hatte, dieses einmalige Bauwerk in der Realität niemals erblicken zu können.

Die Griechenland-Reise war auch gleichzeitig ein erneuter Triumph über meinen Vater. Ich hatte es also wiederum geschafft! Ich für meinen Teil hatte ein großes Ziel erreicht.

In den frühen Kindertagen ist ja der Vater – wie bei jedem – der klügste, beste und mächtigste Mann auf der Welt. So empfand ich ihn jedenfalls in meiner Erinnerung bei den gemeinsamen Waldspaziergängen in Mähren. Meine Naturliebe stammt übrigens davon.

Gut, mein Vater hätte es mir mit Sicherheit gegönnt, dass ich mir meine Träume erfülle, nachdem sich die seinen nicht erfüllt hatten.

Aber es muss halt so sein, dass sich an die Befriedigung, es weiter gebracht zu haben, ein Schuldgefühl knüpft.

Das hat mit der wachsenden Kritik am Vater zu tun, mit der Geringschätzung seiner Person – im extremen Gegensatz zur frühkindlichen Überschätzung. Das hinterlässt eben ein ungutes Gefühl.

Es sieht so aus, als wäre es das Wesentliche am Erfolg im Leben, den Vater zu übertrumpfen – und als wäre das eigentlich nicht erlaubt.

Ich habe ja insgesamt mehr Bücher über Archäologie gelesen als über Psychologie. Und ich bin heute noch fasziniert davon, dass es Schliemann gelungen ist, Troja auszugraben. Ich habe mich an seiner Kindheitsgeschichte erfreut, die mir gezeigt hat, dass es das wahre Glück nur in der Erfüllung eines sehr lang gehegten Wunsches gibt – und dass die Erreichung dieses Zieles durch die Überwindung zahlreicher Hindernisse geschehen muss.

Die Archäologie hat viel mit meiner Tätigkeit zu tun. Man versteht ja die Gegenwart erst richtig, wenn man die Vorgeschichte kennt. Ein Analytiker hat bei der Psyche des Patienten Schicht für Schicht freizulegen – von der Oberfläche her. Und er ist gezwungen, so lange zu graben, bis er auf etwas stößt, dass Aufschluss erteilt.

Aus den gefundenen Erinnerungsbrocken setzt er dann die komplette Geschichte zusammen.

Und meine Geschichte ist erst mit meinem zweiten Bruder komplett. Er wurde Julius genannt und ist siebzehn Monate nach mir auf die Welt gekommen. Julius ist nur ein halbes Jahr alt geworden.

Ein Wunder, dass ich mich überhaupt noch an ihn erinnern kann. Doch es war halt ein einschneidendes Erlebnis. Die Wissbegierde, speziell an der Fortpflanzung, erwacht bei Kleinkindern durch die sichtbare Schwangerschaft der Mutter. Anlässlich dieses Ereignisses war ich der Meinung, dass mein Halbbruder Philipp den Nachwuchs in den Bauch meiner Mutter hineingepflanzt hätte. Der unbeweibte Philipp passte altersmäßig eher zu meiner hübschen, kapriziösen Mutter. Meinen Vater hielt ich wahrscheinlich eine Zeit lang für meinen Großvater.

Bitte, es erscheint mir alles von damals schwer analytisch zu erfassen; es ist so altersgrau, schattenhaft, kaum wieder belebbar – als ob es einer besonders unerbittlichen Verdrängung erlegen wäre.

Aber eines ist klar: Es kam zu einem Bruch mit der Mutter durch die Geburt von Julius. Meine Mutter hatte ja, wie ich heute weiß, mit der Namensgebung, die Liebe zu ihrem eigenen Bruder Julius Nathanson ausgedrückt, der einen Monat vor dem Säugling Julius verstorben war. Ein Kind spürt instinktiv derartig starke Empfindungen.

Schon mit dem Abstillen, das während der Schwangerschaft erfolgte, und mich hart traf – die Milch von Schwangeren galt als ungenießbar – entstand der erste massive Vorwurf gegen die Mutter. Die nächste Anklage loderte auf, als die Mutter nur noch dem Neugeborenen Milch spendete.

Ja, ich hatte meinen Konkurrenten mit echter Kindereifersucht und bösen Wünschen begrüßt. Was ich befürchtet hatte, war schließlich auch tatsächlich eingetreten. Es war mir, als ob ich ab dem leiblichen

Vorhandensein von Julius nur mehr die zweite Geige spielen durfte. Der „goldene Sigi" fühlte sich, von seinem Thron gestoßen.

Ich missgönnte also Julius nicht bloß die Milchnahrung, sondern ebenso alle anderen Zeichen der mütterlichen Fürsorge. Ich warf meinen ganzen Hass auf Julius und einen tiefen Groll auf meine Mutter.

Wir machen uns selten eine genaue Vorstellung von der Stärke dieser eifersüchtigen Regungen und der Größe des Einflusses auf die spätere Entwicklung. Es ändert nicht viel daran, wenn man – wie in meinem Falle – der bevorzugte Liebling der Mutter bleibt. Die Liebesansprüche des Kindes lassen nicht die geringste Teilung zu.

Und so wünschte ich mir inständig den Tod des kleinen Bruders und versuchte mit bösen Blicken, die Muttermilch zu vergiften. Dass mein Begehren dann erfüllt wurde, ließ mich zweifellos an meine Allmächtigkeit glauben. Wenngleich dieses Gefühl sicherlich nicht lange anhielt.

Vom Tod des Bruders ist mir aber der Keim zu Selbstvorwürfen geblieben – und im Zusammenhang mit dem jähen Verlust der mütterlichen Brust, die Angst vor dem Verhungern, vor dem Erleiden bitterer Not. Sämtlich Reaktionen der infantilen Gier. Davon kommt mein hoher Zigarrenverbrauch – man kann das Rauchen doch auch in altmodischer Manier als „Tabak*trinken*" bezeichnen. Der Genuss von Tabak wurde mir also zum Ersatz für die Muttermilch.

Ähnliche Symptome frühkindlicher Aggressionen habe ich bei Goethe ebenfalls gefunden – und zwar bei der „Kindheitserinnerung" in „Dichtung und Wahrheit". Da beschreibt der Meister, wie er als Knabe mit unbeschreiblicher Lust irdene Küchengefäße aus dem Fenster geworfen hat. Das hat er zweifellos anlässlich der Schwangerschaft oder gleich nach der Niederkunft seiner Mutter getan. Goethe war ja auch ein Erstgeborener – so wie ich.

Mein schuldbeladenes Verhältnis zu meinem verstorbenen Bruder Julius bestimmte später das Neurotische und Intensive an all meinen Männerfreundschaften.

Bei meiner Freundschaft zu Wilhelm Fließ war ich von Anfang an der beteiligtere Partner; ich öffnete mich Wilhelm mehr als er sich mir gegenüber öffnete.

Unsere Freundschaftsbande lösten sich seit der Jahrhundertwende merklich auf. Fließ reagierte ziemlich verschnupft, als ich ihm den Ödipuskomplex explizierte. Und bei der Veröffentlichung meiner „Traumdeutung“ spürte ich deutlich den Neid, den er auf mich hatte.

Hingegen vertrug er keine Kritik an seiner obskuren Periodenlehre. Er hielt starr und stur an seiner Annahme fest, dass alle essentiellen Ereignisse im menschlichen Dasein durch eine biologische Periodizität – also einer Wiederholung in bestimmten Abständen – vorherbestimmt wären.

Zu allem Überdruss ist er als Arzt ein Pfuscher: Bei einer Nasenoperation vergaß er, die Verbandsgaze zu entfernen, wodurch es zu heftigen Blutungen kam. Die Patientin wäre daran beinahe elend zugrunde gegangen.

Im Vorjahr kam es dann zum endgültigen Bruch, als Wilhelm die Frechheit besaß, zu behaupten, ich lasse bei der Analyse bloß diejenigen Gedanken gelten, die meine Theorien unterstützen.

Aber jetzt habe ich genug vom Sinnieren und Schreiben – ich werde so schnell keine Eintragungen mehr in mein geheimes Notizheftchen machen. Ich will mich lieber den Kindern widmen, mit ihnen in die Pilze gehen – oder mich an Regentagen dem Tarockspiel hingeben. Und allabendlich werde ich mich in ein Sherlock-Holmes-Buch vertiefen.

XIII.

29. August 1905

Ich bin ein gottloser Jude.

Das war ein Grund zusätzlich, dass Marthas orthodoxe Mutter gegen mich als Schwiegersohn eingestellt war. Wo doch Marthas Großvater Oberrabbiner von Hamburg gewesen ist!

Und da in Österreich eine standesamtliche Eheschließung allein nichts gilt, musste ich die jüdische Hochzeitszeremonie über mich ergehen lassen, in der Wandsbecker Synagoge. Förmlich über Nacht wurde ich in den traditionellen Ritus eingeweiht. Den ganzen Hokuspokus unterm Baldachin mit dem Zerbrechen des Glases unter meinem Fuß am Schluss hatte ich zu absolvieren.

Als Trost sagte ich mir, dass der Fortschritt der Wissenschaft eines Tages sowieso den Niedergang der Religionen herbeiführen wird.

Hätte Religion der Allgemeinheit dauerhaftes Glück und Gerechtigkeit gebracht, so würde sie kein Mensch hinterfragen.

Die, in meiner Jugend, aktuelle Lehre Darwins hatte mich entscheidend dazu bewogen, mein Studium zu ergreifen – da kam endlich eine Theorie ohne übernatürlichen Schöpfer aus.

Martha war, von ihrer Erziehung her, strenggläubig. Aber es gelang mir dann doch, sie nach der Heirat von dem abergläubischen und mystifizierenden Spuk abzubringen. In unserem Haushalt durfte nicht koscher gekocht werden und Martha brauchte auch keine Sabbatkerze anzünden.

Ungeachtet dieser Einstellung fühlte und fühle ich mich jüdisch bis in den Kern, es bedeutet mir viel. Irgendwo in meinem Inneren, aber *nicht* in einem versteckten Winkel, bin ich ein geradezu *fanatischer* Jude – ich bin sehr erstaunt darüber, mich so zu finden – trotz aller Bemühungen um Objektivität und Unparteilichkeit.

Vor allem bin ich darauf stolz, dass wir Juden Kulturträger sind. Wir haben uns seit jeher als solche bewährt – in den dunkelsten Zeiten des Mittelalters wie in der kurzen Spanne der Neuzeit, in der man uns als nahezu gleichberechtigt anzunehmen bereit schien – diese Zeitspanne ist leider in der Gegenwart zu Ende gegangen.

Als Studienanfänger hat man mich an der Universität sofort als minderwertig und als nicht volkszugehörig eingestuft. Das störte mich aber nicht sonderlich: den Ausschluss von dieser deutschen Volksgemeinschaft verschmerzte ich ohne Bedauern. Ich war ja auch schon längst darauf vorbereitet gewesen, in die Opposition zu gehen und auf das Einvernehmen mit der „kompakten Majorität" zu verzichten.

Aber bei all meiner Verbundenheit mit dem Judentum habe ich nie außer Acht gelassen, dass jegliche Form von seelischer Weiterexistenz nach dem Tode blanker Unsinn ist.

Verwerflich ist, wie die christlichen Theologen den armen Erdenbürgern weismachen wollen, dass die himmlische Nachexistenz die wertvollere sei, dass das durch den Tod abgeschlossene Leben bloß die Vorbereitung auf das Jenseits wäre.

Speziell stört mich die, von den Katholiken geforderte, Unterdrückung des Sexualtriebes und seine Verteufelung – ohne dass die Pfaffen dabei bedenken, dass der Mensch, also der gewöhnliche Mensch, nur durch ein regelmäßiges Geschlechtsleben vor psychischen Erkrankungen gefeit ist.

Doch auch die jüdische Religion hat ihre Tücken, etwa beim Thora-Gebot: „Du sollst deinen Nächsten lieben wie dich selbst!" Auf die noch kuriosere Forderung des Christentums: „Liebe deine Feinde!" will ich gar nicht eingehen. Das ist ja vollkommen meschugge!

Also, wie soll diese Nächstenliebe funktionieren? Mit dem Nächsten ist ja kein mir nahe stehender Verwandter oder Bekannter gemeint, sondern irgendein dahergelaufener unbekannter Mitmensch.

Wie soll mir das gelingen – den anderen so zu lieben wie mich selbst? Wenn ich einen anderen liebe, so sollte er es doch auch verdienen ... Aber da er mir fremd ist und mich durch keinen eigenen Wert, keine bereits erworbene Bedeutung für mein Gefühlsleben anziehen kann, wird es schwer für mich, ihn zu lieben ... Bei näherem betrachten, finde ich, dass dieser „Nächste" eher Anspruch auf meine Feindseligkeit hat, gegebenenfalls sogar auf meinen Hass ... Denn er braucht nicht einmal einen Nutzen davon zu haben – wenn er nur eine Lust damit befriedigen kann, macht er sich nichts daraus, mich zu verspotten, zu beleidigen, zu verleumden, seine Macht an mir zu zeigen – und je sicherer er sich fühlt, je hilfloser ich bin, desto sicherer darf ich dieses Benehmen gegen mich von ihm erwarten ... Tja, wenn jenes großartige Gebot lauten würde: „Liebe deinen Nächsten wie dein Nächster dich liebt", dann würde ich nicht widersprechen ...

Das ganze verleugnete Stück Wirklichkeit hinter alledem ist, dass der Mensch nicht ein sanftes, liebesbedürftiges Wesen ist, das sich höchstens, wenn er angegriffen wird, auch zu verteidigen vermag, sondern dass der Mensch zu seinen Triebbegabungen zusätzlich noch einen gewaltigen Anteil von Aggressionsneigung aufweist. Infolgedessen ist ihm der Nächste nicht nur möglicher Helfer und Liebesobjekt, sondern auch eine Versuchung, seine Aggressionen an ihm zu befriedigen, seine Arbeitskraft ohne Entschädigung auszunützen, ihn ohne seine Einwilligung sexuell zu gebrauchen, sich in den Besitz seiner Habe zu setzen, ihn zu demütigen, zu martern und zu töten. „Homo homini lupus" – „Der Mensch ist dem Menschen ein Wolf!"

Wer hat, nach allen Erfahrungen des Lebens und der Geschichte, den Mut, diesen Satz zu bestreiten?

Wohl niemand.

Und so schließe ich meine „Ausseer Notizen" für heuer. Nach eineinhalb Monaten ununterbrochenen Aufenthalts, habe ich schön langsam genug von Aussee und Umgebung. Ich freue mich schon auf meine baldige Reise in die Schweiz.

Aber – bei aller Freude am Unterwegssein – man braucht doch auch einen sicheren Hafen, einen beständigen Ankerplatz – und das ist mir eindeutig Wien. Für längere Zeit halte ich es nur in Wien aus. Bloß in Wien kann ich auf Dauer leben. Wien ist der Ort, über den man sich oft zu Tode ärgert – und wo man trotzdem sterben will.

Da mir das Ausseerland so gut gefällt, haben mir einige Leute geraten, ich soll mir hier ein Grundstück kaufen und eine kleine Villa darauf errichten. Also: Selbst wenn ich das Geld dafür hätte, wäre das nichts für mich. Ein Jude hat keinen großen Besitz zu haben – ein Jude sollte immer mit gepacktem Koffer dastehen und zur Flucht bereit sein.

XIV.

20. September 1930

Nach einem Vierteljahrhundert werde ich wieder eine Eintragung machen in meine „Ausseer Notizen". Wir wohnen diesmal allerdings am Grundlsee – doch der gehört ja schließlich auch zum Aussserland.

Das allgemeine Urteil über unser Feriendomizil lautet: „Wir haben es noch nie so schön gehabt!"

Das Haus heißt „die Rebenburg" und ist ein ehemaliger Adelssitz – es handelt sich aber um keine Burg, sondern um eine geräumige und behagliche Villa mit einem bezaubernden Seeblick.

Seit Ende des Krieges habe ich auf den Nobelpreis gewartet, heuer bin ich wohl endgültig übergangen worden. Dafür habe ich den Goethepreis der Stadt Frankfurt erhalten – das ist zwar keine Entschädigung, jedoch auch nicht schlecht.

Die Deutschnationalen haben sich wahnsinnig darüber aufgeregt, dass ausgerechnet ein Jude diese Auszeichnung bekommt. Der Antisemitismus begleitet mich ja schon mein ganzes Leben hindurch – doch so bedrohlich, wie er sich jetzt entwickelt, war er noch nie. Aber bekanntlich heißt es ja: Viel Feind – viel Ehr! Auch meine ehemaligen Schüler – Adler und Jung – denen ich einstens so viel Zuneigung geschenkt habe – geifern ständig gegen mich.

Na gut, für eine Aussöhnung mit der Zeitgenossenschaft wird es bald zu spät sein. Nichtsdestotrotz wird mein Werk einmal allgemeine Anerkennung finden.

120.000 Reichsmark hat der Preis eingebracht – das sind in etwa die Kosten meines heurigen Klinikaufenthalts in Berlin. Den kann ich jetzt finanziell leichter verschmerzen.

Am 28. August, zu Goethes Geburtstag, ist der Preis offiziell verliehen worden. Anna hat ihn – wegen meiner schlechten gesundheitlichen Verfassung – für mich in Frankfurt entgegen genommen. Die Festgesellschaft verlor dadurch nichts, meine Tochter war gewiss die ansprechendere Erscheinung.

Anna hat einige Sätze von mir vorgelesen, die Goethes Beziehungen zur Psychoanalyse behandeln. Ich bin ja der Meinung, dass der Dichterfürst die Tiefenpsychologie nicht abgelehnt hätte. Er war ihr selbst in manchen Stücken nahe gekommen, hatte in eigener Einsicht etliches erkannt, was wir seither bestätigen konnten – und manche Auffassung, die mir Kritik und Spott eingetragen hat, wurde von ihm wie selbstverständlich vertreten.

Der Kurator Alfred Döblin, erklärte, dass ich den Preis wegen meiner sprachlichen Meisterschaft gekriegt hätte – und deswegen, weil ich den Lemuren, die im Dschungel der inneren Natur leben, Gestalten und Namen gegeben habe.

Kurz vor ihrem Tod besuchten die Gesandten aus Frankfurt auch meine fünfundneunzigjährige Mutter. Nachdem ihr die frohe Botschaft verkündet worden war, sagte sie: „Wieso Goethepreis? Mein Sohn ist doch kein Dichter!“ Und nachdem man ihr den Grund für meine Ehrung dargelegt hatte, meinte sie: „Ja, wissen Sie, meine Herren, ich habe da noch einen anderen Sohn, den Alexander, der ist auch tüchtig und berühmt – in Tarifsachen!"

Vor ein paar Tagen war ihr Begräbnis – ich habe mich davor gedrückt, so wie ich bisweilen auch die sonntäglichen Mutterbesuche geschwänzt habe, um meinen körperlichen Zuständen zu entgehen, die sich regelmäßig anlässlich dieser Visiten einstellten.

Ich empfand bei der Nachricht von ihrem Tod keine derartig überwältigende Trauer – wie sie mein Bruder Alex so herzergreifend zeigte.

Er bildet sich ja ein, Mutters Lieblingssohn gewesen zu sein – und ich lasse ihm diese Illusion.

Bitte, man kann nicht sagen, was ein solches Ereignis in tiefen Schichten anstellen mag, aber oberflächlich verspürte ich nur ein Gefühl der Befreiung, weil sie nun doch *vor mir* gestorben ist. Ich bin erleichtert darüber, dass ich ab jetzt unbeschwert das Zeitliche segnen kann. Kinder sollten auf keinen Fall vor den Eltern sterben.

Es ist ein entsetzlich harter Schlag gewesen, als meine Lieblingstochter Sophie im Alter von 27 Jahren verstarb – von der Grippe hinweggerafft nach vier Tagen. Ein sinnloser, brutaler Akt des Schicksals.

Aber noch ärger gelitten habe ich, als Sophies Söhnchen, unser Heinerle, drei Jahre danach ebenfalls verschieden ist. Konnte ich mich bei Sophies Tod noch einigermaßen zusammennehmen, so war es mir beim Heinerle unmöglich, die Tränen zurückzuhalten.

Heinerle war ein entzückender kleiner Kerl. Leider war er sehr schwächlich und nie fieberfrei; eines jener Geschöpfe, deren geistige Entwicklung auf Kosten ihres körperlichen Gedeihens erfolgt ist.

Gleich nach Heinerles Tod vor sieben Jahren ist meine Krebserkrankung ausgebrochen.

Die Schuld an dieser Rebellion des Gewebes wurde dem Rauchen gegeben. Und da nicht nur das Essen und Sprechen eine Tortur für mich ist, sondern auch das Rauchen, habe ich es schweren Herzens aufgegeben.

Die Zigarren fehlen mir kolossal – sie hatten großen Anteil an meiner Selbstbeherrschung und auch an meiner Ausdauer beim Arbeiten.

Meine neue, teure Oberkiefer-Prothese, die in Berlin angefertigt werden musste, passt wiederum nicht perfekt – und das nach endlosem Probieren und Verbessern. Eine kostspielige Prozedur.

Wahrscheinlich ist es auch gar nicht ausführbar, dieses Unding mit falschen Zähnen und künstlichem Gaumen ideal zu fertigen. Oh, wie ich das Monstrum hasse!

Erschwerend ist noch, dass ich die Prothese niemals für längere Zeit zur Erholung aus dem Mund nehmen darf, da sonst das Narbengewebe Schaden nimmt.

Seit kurzem habe ich einen zweiunddreißigjährigen Leibarzt, der mir – aller Wahrscheinlichkeit nach – bis zu meinem Ende zur Verfügung stehen kann. Früher habe ich Selbstmord stets als Feigheit empfunden. Doch mein Leiden nötigte mich dazu, meinem jungen Kollegen, das Versprechen abzunehmen, dass er mir, wenn die Schmerzen ganz und gar unerträglich werden, das Sterben mit Morphium erleichtert – falls ich diese Maßnahme nicht mehr selbst durchführen kann.

Ich gehe trotz aller Widerwärtigkeiten nicht als unglücklicher Mensch von dieser Welt. Ich habe mein Ziel erreicht – ich bin berühmt und werde nach meinem Tod noch berühmter werden.

Und ich sehe auch die Zukunft der Menschheit nicht völlig pessimistisch. Wir mögen noch so oft betonen, der menschliche Intellekt sei kraftlos im Vergleich zum menschlichen Triebleben – und Recht damit haben. Aber es ist doch etwas Besonderes um diese Schwäche: die Stimme des Intellekts ist leise, aber sie ruht nicht, ehe sie sich Gehör verschafft hat. Am Ende, nach unzählig oft wiederholten Abweisungen, wird sie vernommen werden. Der Primat des Intellekts liegt gewiss in weiter, weiter, aber wahrscheinlich nicht in unendlicher Ferne.

Meine „Ausseer Notizen" verbrenne ich – es stehen zu viele Sachen drinnen, die niemanden etwas angehen. Meine Biografen sollen sich plagen – ich will es ihnen nicht zu leicht machen.

Vom Sterben des Dichters Hofmannsthal

Hugo von Hofmannsthal (1874–1929)

I.

… habe ich eine äußerst traurige Mitteilung zu machen: Unser ältester Sohn Franz ist plötzlich verschieden. In tiefer Betrübnis bitte ich, von Kondolenzen abzusehen.

Rodaun, am 15. Juli 1929

Der Christiane muss ich auch noch schreiben … später … Sie hat ihren Bruder sehr geliebt …

Bei Raimund bin ich mir da nicht so sicher. Bitte die beiden Buben haben schon immer zusammengehalten, wenn es darauf ankam – doch ein gewisses Konkurrenzverhalten war seit jeher vorhanden – eindeutig. Nun ja, eigentlich ganz natürlich … Kain und Abel waren sie aber nicht, auf gar keinen Fall.

Das war ein entsetzlicher Tag, vorgestern, grauenhaft. Der schlimmste Tag meines Lebens, bestimmt. Warum?

Warum nur?

Ach, dieses unglückselige Kind …

Der Franzl ist von Anfang an unser Sorgenkind gewesen. Die Entbindung soll ja leicht gewesen sein, aber bald danach ist es losgegangen – zur Zeit der Niederkunft war ich in Berlin, *musste* dort sein: Meine »Elektra« wurde am „Kleinen Theater" uraufgeführt, am 30. Oktober 1903 – ein großer Tag, ein großer Tag für mich. Reinhardt hat zum ersten Mal ein Werk von mir in Szene gesetzt.

Ja, so wurde eine Freundschaft begründet – ein guter Mann, der Max Reinhardt.

Der Erfolg brachte uns zusammen, nahe zusammen – und es war ein sensationeller Erfolg! In den ersten vier Tagen nach der Premiere ist die »Elektra« von zweiundzwanzig Bühnen zur Aufführung angenommen worden, drei Auflagen der Buchveröffentlichung waren im Nu vergriffen; damit war ich zum Dramatiker geworden, zum anerkannten Dramatiker.

Man nahm mich wieder ernst – es war ein neuer Anfang für mich, sie maßen mich nicht mehr nur an meinen Jugendgedichten, die meisten Menschen zumindest. Jawohl, es war ein echter Neubeginn für mich, ein segensvoller. Die »Elektra« hat mich schließlich auch zu Richard Strauss geführt. Endlich hab ich ihn für mich gewinnen können. Der werte Herr Kompositeur wollte untertänigst hofiert werden. Meine »Elektra« hat ihn überzeugen können – 1906 äußerte er den Wunsch, sie vertonen zu wollen. Die Oper kam dann 1909 an der Dresdner Hofoper zur Uraufführung.

Zuerst sah alles bloß nach einem mäßigen Erfolg aus. Es gab etliche Verrisse – und Neider überall, unzählige! Doch sie konnten den Siegeszug der Elektra nicht aufhalten, auf der ganzen Welt spielt man sie.

Gar soviel habe ich gar nicht ändern müssen fürs Libretto; Herr Doktor Strauss war gnädig, in diesem Fall, beim ersten Mal ...

„Lieber Herr von Hofmannsthal: Unsere Erfolge macht das Publikum *gegen* die Kritik."

Ja, da hat er recht, der Doktor Strauss.

Nur in der Oper ist das Theatralische auf großartige Weise zu verwirklichen. Nur das Opernhaus erfüllt noch die Aufgabe als festliche Anstalt, als heilige Halle.

Richard Strauss und Max Reinhard – meine beiden Geburtshelfer. Als Theaterdichter werde ich weiterleben, hoffentlich – vor allem die Musikdramen könnten mich unsterblich machen.

Drei Wochen nach seiner Geburt verlor der Franzi unentwegt an Gewicht – er schwand uns unter den Händen dahin. Wir wollten die Amme wechseln, aber der Arzt versicherte, dass sie unschuldig sei. Nottaufen haben wir den Buben schließlich lassen müssen. Die Gerty war verzweifelt, so unglücklich hab ich sie nie mehr gesehen – bis vorgestern ...

Und dann kriegt die vermaledeite Amme auch noch eine Brustentzündung und der Bub muss endgültig ins Spital, ins Babysanatorium – dort haben sie den Franzl dann retten können.

Dieses unglückselige Kind ...

Warum? Warum nur? So einem Unglück bin ich einfach nicht gewachsen, das ist zuviel für mich ...

Ich muss mich zusammenreißen, schließlich bin ich ein Mann ... Vielleicht hätte ich gar nicht Vater werden sollen?

Es erschien mir oftmals ein wenig paradox, dass man auf der einen Seite einen hehren Dichter vorstellen soll – und auf der anderen Seite einen biederen Mann mit Familie.

Bitte, die Gerty hat mir da viel abgenommen, den ganzen Alltagsmist – und sie ist eine gute Mutter, eine ausgezeichnete, dem Himmel sei Dank. Sie ist mir auch eine gute Frau – und was für eine! Ohne Gerty wäre ich verloren ...

Ihre Mutter hat uns auch sehr unterstützt, das muss ich schon sagen – wie der Franzl in die Schule gekommen ist, besonders. Er war von Anfang an ein schlechter Schüler – sie hat mit ihm gelernt, ihn oft zu sich genommen, die gute Schwiegermama ...

Der Raimund war noch schlechter in der Schule, aber er hat sich halt so durchgewurschtelt. Doch später nützten ihm alle Tricks nicht mehr. Nur mit Mühe konnten wir den Raimund durch die Matura bringen.

Ja, der Franzl war gern bei seiner Großmutter ...

Die Gerty und ihre Mutter sind ein Musterbeispiel für ausgeglichene, heitere Frauen, die nichts erschüttern kann – fast nichts.

Meine Mutter ist ja im Jahr nach der Geburt vom Franzi gestorben. Gut, sie hätte uns bei der Beaufsichtigung der Kinder ohnehin nicht helfen können – sie wäre für die Kinder viel zu nervös gewesen, die arme Person, gänzlich ungeeignet. Diese Frau konnte man beinahe als Hysterikerin bezeichnen – so wie sie sich oft aufgeführt hat. Sie ruhe in Frieden ...

Beim Börsenkrach anno 1873 hat ihr Vater einiges von seinem Vermögen verloren, Selbstmord beging er deswegen – übereilt, finde ich; die Familie kam doch pekuniär wieder auf die Beine, nach einiger Zeit ...

Der Christiane muss ich noch schreiben von der Katastrophe mit Franz ... Wie kann man in so einem Fall die richtigen Worte finden?

Als wir das Mädchen nach Heidelberg ließen, damit sie dort studiert, da hätte ich nie gedacht, dass ich sie ganz verlieren könnte an dieses Städtchen. „Studier, was du willst!" hab ich ihr geschrieben – und als sie irgendeine Arbeit annehmen wollte, um sich das Studium zu finanzieren, da hab ich ihr gesagt: „Belaste dich nicht mit einer übertriebenen Vorstellung von Pflichterfüllung und Arbeitsglück. Das Materielle fällt nicht so sehr ins Gewicht, mein Kind. Vertue deine Tage nicht mit einer nichtigen öden Arbeit, hör dir lieber Vorlesungen an, die dich interessieren – aber vergiss nicht dabei, dich tüchtig zu amüsieren, genieße ein unbeschwertes Studentenleben!"

Und dann lernt sie dort in Heidelberg einen Professor kennen – einen *Indologen*, beim Sanskritstudium – voriges Jahr haben sie geheiratet.

Sie geht mir ab, meine Tochter; sehr geht sie mir ab, die Christiane ...

Sie ist eine geglückte Mischung aus meiner Frau und mir: Christiane hat die frische unbekümmerte, herzliche Art von Gerty und dazu meinen Kopf. Die Christiane hat mir auch stets assistiert bei meiner Arbeit – das ist vorbei, schade. Ihr konnte ich meine neuen Werke vorlesen, in der Rohfassung – auf ihr Urteil konnte ich mich verlassen, darauf gab ich viel. Christiane war ein ganz reiner, unbestechlicher Spiegel.

Zwölf Jahre ist ihr Mann älter als sie ...

Na, das ist vielleicht gar nicht so schlecht: „Bei einem Alten wirst du gut gehalten" meint ja der Volksmund. Mein Schwiegersohn ist von einer offenen, unbeschwerten, auf solidem Selbstwertgefühl beruhender, Bescheidenheit. Das macht ihn sympathisch, einigermaßen ...

Mir graut davor, der Christiane zu schreiben.

Warum? Warum nur? So ein unbegreiflicher sinnloser Tod, entschieden zu früh – mit sechsundzwanzig.

Der Bub hätte noch so viele Jahre vor sich gehabt, doch auch schöne Jahre, höchstwahrscheinlich, ja, höchstwahrscheinlich auch viele schöne Jahre ...

Der arme Franz, dieses unglückselige Kind ...

Raimund und Franz – zwei ungleiche Brüder – wie Tag und Nacht. Raimund ist eindeutig ein Frauentyp – er hat das gewisse Casanova-Charisma – und das immer schon. Schon als Bub hat er mit den schönen Frauen kokettiert – und diese waren entzückt von ihm, dem hübschen Lockenköpfchen ...

Der Franzl ist – war – auch nicht gerade unhübsch ...

Angeblich gleicht mir der Franz am meisten von den Kindern, rein äußerlich, sonst nicht.

Er ist immerzu zurückhaltend gewesen, ja, geradezu gehemmt und scheu, ungeschickt in allem – „linkisch" könnte man schier sagen. Franz ist dabei jedoch brav, ein guter und braver Mensch, aber schon etwas fad, nichts sagend. Er hätte sich wunderbar zum Beamten der alten Monarchie geeignet: Obrigkeitshörig, korrekt – und wenn es sein muss auch fleißig.

Raimund hingegen kommt prima mit der neuen Zeit zurecht. Er ist charmant, weltgewandt – bisweilen sogar ein Snob. Nun ja: Adel verpflichtet: „Noblesse oblige!" Und er hat auch alle Anlagen zum „Selfmademan". Neben Raimund musste der Franzl ja verblassen ...

Raimund tanzt perfekt den Charleston – und Franz hat zwei linke Füße.

II.

Da doch von heut auf morgen leicht
Eine Botschaft dich von Gott erreicht.
Du sollst vor seinen Gerichtsstuhl gehen
Und von deinem ganzen Erdenleben
Eine klare Rechnung vor ihm geben.

Ganz und gar bin ich unbereit
Für solch ein Rechnung legen.
Siehe, so steht es um mein Werk:
Von Sünden hab ich einen Berg.

Genau wie im »Jedermann« lautet in der »Elektra« die entscheidende Frage: Was bleibt vom Menschen übrig, wenn man alles abzieht, alles

Gewöhnliche, alle belanglosen Äußerlichkeiten? Das, wodurch sich einzig der Mensch der Welt verbinden kann, ist das Werk oder die Tat.

Nun, viele bemerkenswerte Werke hat der arme Franzl nicht vollbracht, viele herausragende Taten hat der arme Franzl nicht gesetzt – genau genommen nichts davon, überhaupt keine besonderen Werke und Taten. Doch das hätte doch noch kommen können, alles braucht seine Zeit, das wäre schon noch gekommen ...

Habe ich dem Franzl zu wenig unter die Arme gegriffen?

Nein, nein, ich habe doch alles für ihn getan, in den letzten Jahren. Ich habe für ihn meine Beziehungen eingesetzt, ihm gute Lehrstellen und Posten besorgt.

Oh Gott, oh Gott, oh Gott ...

Wahrscheinlich hätte ich früher mehr zu Hause bleiben sollen, bei den Kindern, als sie noch klein waren. Ja, ich bin dauernd unterwegs gewesen, muss es auch jetzt noch sein, im Auftrag der Schriftstellerei – da heißt es, Kontakte pflegen – mit Theaterdirektoren, Verlagsleitern und dergleichen ...

Bitte, ich habe auch so manche Vergnügungsreise unternommen, muss ich zugeben – eigentlich Bildungsreisen; aber das kommt ebenfalls meinem Beruf zugute, meiner Berufung, das bin ich ihr schuldig.

Jaja: Die Kunst ist eine eifersüchtige Geliebte, eine eifersüchtige Geliebte ist die Kunst – die duldet nichts neben sich ...

Die Gerty hat das all die Jahre verstanden, von Beginn an hat sie das eingesehen. Sie war immer die Hüterin des Herdes, für die Erziehung unseres Nachwuchses verantwortlich – während ich hinaus musste, auf die Jagd, zum Broterwerb; oft auch weit weg von daheim.

Dabei fühle ich mich meist nicht recht wohl während einer Reise. Es gibt mir wenig, das Reisen; mir fehlt die Unmittelbarkeit des Erlebens. Ich sehe mir selbst zu beim Leben. Jawohl: Ich erlebe die Ereignisse wie aus einem Buch gelesen. Erst die Vergangenheit verklärt mir die Dinge und gibt ihnen Farbe und Duft ...

Gut, das hat mich wohl zum Dichter gemacht. Ich kann das Erlebte wieder auferstehen lassen, schöner, besser, komprimierter; das ist das Wundervolle beim Dichten, es ist eigentlich ein „Verdichten" der Erlebnisse ...

Am liebsten bin ich in Aussee. Aber das ist auch keine belanglose Fahrt in die Sommerfrische für mich, sondern eine notwendige Fahrt zu meinem Arbeitsplatz. Den ganzen Sommer über verweile ich dort. Wenn mich der Barometerstand hoffen lässt, dass der verdammte Scirocco nicht einbrechen wird, dann bleib ich auch im Herbst im Ausseerland.

In den Bauerngärten und in den Parkanlagen der Villen wuchern dann üppig die Astern und Dahlien, zum Entzücken. Ja, im Herbst bin ich in Aussee mehr ich selbst als anderswo und zu anderen Zeiten; da ist kein Baum, keine Biegung des Weges, die mir nicht fast Herzklopfen macht ... Ich liebe diese Landschaft so sehr ...

Je älter ich werde, desto reicher wird sie mir. Normalerweise, wäre ich um diese Jahreszeit schon dort. Doch wir haben ja die Buben erwartet – und das geht hier in Rodaun besser, in unserem Schlössl ist mehr Platz ...

Was werde ich bloß diesen Sommer machen? Ich sehe nur einen schwarzen Abgrund vor mir, zu nichts werd ich mich aufraffen können. Am liebsten bliebe ich im Bett liegen, bis dass ich dahinscheide, vergehe, mich auflöse. Aber das geht nicht, die Arbeit ruft, ich habe Pflichten zu erfüllen.

Voraussichtlich werde ich auch im Herbst nicht in der Lage sein, nach Aussee zu fahren. Obwohl – vielleicht ist mir die Gegend hilfreich, beim Bewältigen dieses harten Schicksalsschlages; das ist besänftigend und atemberaubend schön, wenn sich im Oktober das Laub verfärbt ...

Eigentlich kommt die Schönheit der Farben aber vom Absterben der Blätter ...

Schießt sich mit der Pistole in den Kopf!

... Warum? Warum nur? Hatte er Liebeskummer? Wer weiß? Hat er einen niederschmetternden Korb erhalten von irgendeinem Weibsbild, irgendwo?

Er hat uns ja nie viel erzählt, der Franzl. Er war so schrecklich verschlossen.

Ach, man tappt im Dunkeln.

In Aussee waren auch die Kinder gern, seinerzeit, wie sie klein waren. Von dem winzigen Haus in Obertressen, wo wir damals untergebracht waren, hatten wir einen herrlichen Blick auf die Kette des Gebirges – in der Mitte der schimmernde Dachsteingletscher – davor die unvergleichliche Hochebene mit ihren saftigen grünen Wiesen und den vereinzelten Bauernhöfen ...

Die Kinder konnten ja trotz aller Verbote und Strafen nie wirklich Ruhe geben; ergo habe ich einen Arbeitsplatz gebraucht. Ich habe nach ihm geforscht und ihn entdeckt – den benutze ich heute noch.

Mein Plätzchen im Walde schenkt mir Ruhe, Glück, Inspiration. Dieser, mir nahezu heilige, Ort ist mir Saat und Ernte in einem. Und mein Waldplatz ist in fünf Minuten zu erreichen.

Wie gerne sitze ich dort auf meiner Bank ...

Werde ich heuer vielleicht doch noch imstande sein, nach Aussee zu fahren? Nein, heuer bestimmt nicht mehr – vielleicht nächstes Jahr? Aber auch da sehe ich schwarz ...

Unglücklicherweise regnet es oft und lange in dieser Gegend. Dann erlahmt meine Produktion. Kein Mensch kann sich vorstellen, wie verzweifelt ich da bin.

Ach, das Wetter!

Ausgerechnet dort, wo ich mich vornehmlich aufhalte – in Wien und Aussee, ausgerechnet dort bläst so übermäßig oft der krankmachende Föhn.

Zu meinem Leidwesen ist meine Gemütsverfassung enorm vom herrschenden Wetter abhängig: Niederdruck bedrückt mich, drückt mich vollends nieder.

Was mir nach Regenwochen an Lebenskräften bleibt, ist der gleiche Bruchteil wie nach einer schweren Krankheit.

Schlechtes Wetter ist für andere Leute ein Sozialärger, weiter nichts – für mich bedeutet es wie für den Landmann eine Katastrophe! Schlechtwetter ist schlimm, ganz schlimm für meine Nerven ...

Diese leichte Reizbarkeit des Nervensystems ist das Erbteil meiner Mutter. Bestimmt war ich auch viel zu viel und viel zu eng mit ihr zusammen, das prägt.

Mama neigte in hohem Maße zur übertriebenen Ängstlichkeit, zur Schwermut und zum ständigen Kränkeln. Wenn ich ehrlich bin, so habe ich auch deswegen in der Ehe Zuflucht gesucht ... Es war ... 1901, ja, mit Siebenundzwanzig hab ich geheiratet.

Um ein Jahr älter war ich als – unser – Franz – geworden – ist.

Ich wollte meiner Mutter entfliehen. Natürlich gab es auch andere Gründe: Ein Künstler braucht einen festen Halt, einen Fixpunkt im unsteten Dasein. – So gesehen, bin ich eine Vernunftehe eingegangen.

Aber vor allem wollte ich weg von meiner Mutter, weg von ihrem merkwürdigen fantastisch-melancholischem Temperament. Sie konnte am Schicksal von Leuten, die sie bloß vom Hörensagen kannte, unglaublichen, tiefen Anteil nehmen – hingegen waren ihr meine Kindersorgen, meine Jugendnöte ziemlich egal, im Grunde völlig egal.

Ja, Mama war ein ganz und gar seltsames Geschöpf, unberechenbar, launenhaft, sie konnte einem keine Sicherheit geben, man konnte sich nicht auf sie verlassen ...

Nun, der Selbstmord ihres Vaters hat sie eben aus der Bahn geworfen, verständlich, seinen Freitod hat sie ihr Lebtag nicht überwunden – ein psychischer Schock.

Also vom Urgroßvater stammt dieser unselige Hang, Hand an sich zu legen. Das erklärt vieles ... vom Urgroßvater ...

Der arme Franzl, der arme, arme Franzl ...

Der Christiane muss ich noch schreiben.

III.

Was habe ich bloß für ein Glück mit meiner Frau! Gottlob musste ich nicht lange suchen, um sie zu finden. Also, für ein ausgedehntes Junggesellenleben war ich nicht geschaffen, wirklich nicht. Es fiel mir nicht leicht, Frauen anzusprechen, sie zum Tanz aufzufordern – das erzeugte Herzrasen und feuchte Hände bei mir.

Die Gerty war die Schwester eines Jugendfreundes, vom Schlesinger Hans. Ich kannte Gerty schon sechs Jahre lang – anfangs bloß so nebenbei. Ich hatte Zeit, mich an sie zu gewöhnen, den Entschluss zu fassen, zur ehelichen Verbindung. Ach, wir waren viel zusammen, wir drei, der Hans, ich und die Gerty, oft wochen- und monatelang, den ganzen Tag über – in Wien und in der Brühl.

Sogar gemeinsame Touren haben wir unternommen, 1897, nach Varese und Mailand. Ein Jahr zuvor bin ich mit den Schlesingers zum ersten Mal in Aussee gewesen. Ich war sofort begeistert von der Landschaft.

Je öfter ich die Gerty mit anderen Menschen reden hörte, desto mehr gefiel sie mir. Ihre Freundlichkeit und Anteilnahme wirkten wohltuend auf jeden. Ja, das war ausschlaggebend für meinen Heiratsantrag. Meine Frau befindet sich in einem unglaublich glücklichen Gleichgewicht, sie ist von einer solchen herzerfrischenden Vertraulichkeit, dass sie einen wirklich aufheitern kann. Alles, was ihr geistig nicht entspricht, wehrt sie schlichtweg damit ab, indem sie die Grenzen ihres Verstandes mit Gleichmut als ein Gegebenes ansieht ...

Ach würden bloß mehr Menschen die Grenzen ihres Verstandes einfach akzeptieren – es gäbe weit weniger Streit und Missverständnisse auf Erden.

Doch vor allem wir Männer geben vor, alles zu können und alles zu wissen. Kein Mensch kann alles können und alles wissen.

Gerty ist so zufrieden und sicher, nichts ängstigt sie, beneidenswert.

Ich bin so froh, dass sie mir die unangenehmen Lasten abnimmt, mir die Furcht vertreibt. Man fühlt sich als Künstler manchmal so bedroht, so verlassen, so unverstanden – als sei alle Welt mit einer babylonischen Sprachverwirrung bestraft.

Mir ist die Ehe etwas Hohes – ich kann mir das Leben ohne Ehe nicht vorstellen. Die Ehe ist ein erhabenes Institut und steht in unseren armseligen Existenzen wie eine Burg aus einem einzigen Felsen gehauen. Alles, was ich von der Ehe denke, habe ich in meinen Lustspielen ausgedrückt, oft in einer mit Willen versteckten und beinahe leichtfertigen Weise.

Ja, die Gerty ist mein gutes Wesen, so viel steht fest. Sie ist eine Frau ohne Allüren, mit Geduld und Verständnis begnadet. Sie versucht jeden Tag mit Liebe und Fürsorge, mir etwaige Schwierigkeiten aus dem

Weg zu räumen; sie schaut darauf, dass ich verdrießliche Post gar nicht erhalte, damit ich mich voll auf meine Arbeit konzentrieren kann. Ich weiß, dass das manchen Künstlerkollegen stört, und sie sich aufregen über meine vermutlich „vorgespielte" Hilflosigkeit – doch die sind alle nur neidisch, hätten selbst gerne so eine Frau ...

Und obwohl sich Gerty so aufopfernd um mich kümmert, seit jeher, hat sie sich seinerzeit auch als besonders umsichtige, umsorgende Mutter hervorgetan.

Kein Künstler kann ein guter Vater sein, im langläufigen Sinn, kein Künstler kann das. Einem Künstler gehen viel zu viele Dinge im Kopf herum. Jedes Kunstwerk entsteht doch zuerst im Kopf ... Ich habe sogar einmal darauf vergessen, der Christiane zu ihrem Vorzugszeugnis zu gratulieren.

Gut, zumindest in jüngster Zeit wollte ich einmal ein Parade-Vater sein – wie ich voriges Jahr der Christiane ein Häuschen in Heidelberg bauen lassen wollte – vom Geld, das ich mir durch das Verfassen eines Filmszenariums erhoffte; Reinhardt rief mich deswegen extra zu sich nach Schloss Leopoldskron. Etwas Religiöses sollte es sein. Ja, das hätte ich gerne gemacht, aber das Projekt hat sich zerschlagen – Pech!

Na gut, das kommt vor, damit muss man allzeit rechnen. Es wird schon wieder einmal ein ordentliches Sümmchen hereinkommen ... verdammter Mammon!

Geld ist nicht so wie andre War,
Ist ein verflucht und zaubrisch Wesen,
Wer seine Hand ausreckt darnach,
Nimmt an der Seele Schaden und Schmach,
Davon er nimmer wird genesen.
Des Satans Fangnetz in der Welt
Hat keinen andern Nam als Geld.

Nun schön, aber ein Dasein ohne etwas Wohlstand ist auch nichts, das ist beengend und voller Mühsal.

Dass ich einen guten Teil meines Vermögens durch die Inflation nach dem Krieg verloren hab, tut mir heute noch weh.

Seit damals ekle ich mich vor dem direkten Anfassen von Geld. Wenn es in einem Gasthaus ans Bezahlen geht, drücke ich der Gerty meine Brieftasche in die Hand. Die gute Gerty!

Sie muss auch jedes Mal alles wieder glatt bügeln, wenn ich mich daneben benommen habe. Tja, bisweilen brüskiere ich meine Freunde, ohne große Absicht, ich denke mir gar nicht viel dabei ...

Bitte, bei unangesagten Überraschungsbesuchen bin ich im Recht – da darf man ungehalten sein. Man hat sein Kommen anzukündigen – wo ich doch überhaupt ungern Besuch bekomme.

Leider verstöre und beleidige ich auch die Gerty. Und das verdient sie wahrhaftig nicht.

Ja, ich bin ein Unmensch, mitunter. Aber das habe ich von meiner werten Frau Mama, die teuflische Gabe, die liebsten und nächsten Menschen auf vielerlei Art – und zwar in einer Art Selbstquälerei – zu quälen; was die Mama ja auch so gerne getan hat.

Jaja, wenn es mir schlecht geht, müssen das alle büßen. Da rede ich oft mehrere Tage kein Wort, mit niemandem...

Wenn die Gerty einen kleinen Fehler macht, stichle ich ununterbrochen, hänsle sie. Und wie oft habe ich sie schon als dumm, ungebildet und beschränkt bezeichnet. Gott sei Dank verzeiht sie mir immer wieder. Sie kennt mich ja, ich meine es nicht so.

Woher kommt bloß dieses unbegreiflich Fremde, Böse in mir, welches das Liebste, was ich auf der Welt habe, so oft martert und kränkt? Als Dichter müsste ich doch Herr meiner Worte sein! Dabei spüre ich in diesen sinnlosen verfinsterten Momenten im Hintergrund, wie lieb ich sie hab. Dieses Unbegreifliche muss mir aus der frühesten dunklen Zeit der Kindheit anhaften oder auch vom Übergang der Kinderzeit zur Jugend, ich weiß es nicht genau ...

Ich vermute, dass ich von Klein auf an einen unsicheren Zustand gewohnt bin, durch meine Mutter – und deshalb macht mich zu große Harmonie unruhig, das ist ein unvertrauter Lebensumstand für mich, das ängstigt mich, macht mich nervös, weil ich ständig den Umschwung befürchte – deshalb zerstöre ich die Harmonie lieber selbst, um die Situation im Griff zu haben. Ja, so könnte ich mir das erklären ...

Vorgestern, da hat mir die Gerty einmal nicht helfen können, ausnahmsweise, damit muss ich nun selbst fertig werden...

Zu dem ungeheuren Unglück war Gerty noch zusätzlich verzweifelt gewesen: „Warum hat der blöde Kerl nicht nur mich benachrichtigt, mich allein. Ich hätte es dir nachher schon irgendwie beigebracht. Es hätte dich dann nicht so plötzlich überfallen!"

Mein Gott, der Chauffeur war halt selbst so entsetzt, als er die Leiche fand – so dass er durchs ganze Haus schrie aus vollem Hals. Dadurch bin ich mit der Gerty und dem Raimund gemeinsam ins Zimmer vom Franzl – und da liegt er in seinem Blut ... der arme Franzl ... das arme Kind ...

IV.

Schon die Vorlage von Calderon ist nicht ganz unproblematisch – zum einen ist sie von einer eindrucksvollen Tiefe – zum anderen ist »La Vida es Sueno« ein grundschlechtes Stück. Über zehn Jahre lang habe ich mich mit dem Stoff herumgeplagt, den Calderon vollständig umgekrempelt. Mein »Turm« sollte ein einzigartiges Denkmal werden, vom Ringen mit dem Neuen, mit der neuen Zeit, vom Aufbruch der Jugend.

Beim letzten Akt bin ich immer wieder gescheitert – und der ist nun einmal der bedeutsamste, da hilft alles nichts. Dort müsste das Entscheidende passieren, da geht es um die Botschaft, um die Aussage des Stückes. Bei allen Bühnenwerken ist das so, bei allen.

Beim »Turm« war diese Aufgabe furchtbar, furchtbar schwer zu lösen. Wie macht man die Dämonie des Einbruchs chaotischer Kräfte in eine vom Geist nicht mehr getragene Ordnung fasslich für das Publikum, das sich ja nicht so lange mit der Thematik beschäftigt hat wie der Autor? Und die Leute schauen sich in der Regel ein Drama nur ein einziges Mal an ...

Klar war beim »Turm« für mich, dass sich die Handlung mit der Hauptfigur entwickeln muss – also mit dem gefangenen Prinzen, also in diesem Fall mit dem Opfer und nicht mit einem Helden. Der eingekerkerte Prinz ficht den Kampf in sich selbst aus bis zum Sieg, völlig einsam und isoliert mit den ungeahnten, ausschlaggebenden Kräften der Seele, die er durch überstandenes Leiden erworben hat. Und dann kommt der verflixte letzte Akt. Was jetzt?

Aus all dem Furchtbaren hat doch das Versöhnende, die Zukunft herauszuleuchten! Nur dann hat das Tragische seinen wahren Gehalt, macht es Sinn. Bei Shakespeare ist die Nacht, das Grauen, das völlig Ausweglose meist zu krass ...

Unbegreiflich, dass man Goethe mitunter als undramatisch bezeichnet, völlig zu unrecht. Er ist halt nicht grell und plakativ – seine Fäden sind oft fein gesponnen. Und das Verhängnis ist bei Goethe immer immens bedeutungsvoll, weil er gerade *darin* nach heilenden Kräften sucht. Niemals ist das Verhängnis losgerissen, nur für sich alleine stehend – nein, es ist ständig als Funktion eines höheren Planes vorhanden ... Ja, Goethe vermochte so etwas.

Und findet der Konflikt im Menschlichen keine Lösung mehr, so liegt das Erlösende jenseits des Menschenlebens. Großartig ist das. Goethe bewegt sich dabei in einem Bereich der Kräfte, welche die Welt über dem Abgrund des Nichts halten. Im »Egmont«, da sind die Gestalten als verkörperte Mächte anzusehen – so wie ich es bei mir im Turm auch wollte – die Figuren im »Egmont« sind in ein grässliches und gleichzeitig herrliches Spiel verstrickt, und aus ihrem Handeln und Erleiden ergibt sich letzten Endes immer das höhere Sittliche.

Wenn ich beim »Egmont« nur an die Todesszene des Klärchens denke – was sagt sie doch gleich? ... Moment ... Ach ja: „Im Augenblick, da ich die dunkle Pforte eröffne aus der kein Rückweg ist, könnt ich mit diesem Händedruck dir sagen, wie sehr ich dich geliebt, wie sehr ich dich bejammert. Mein Bruder starb mir jung, dich wählt ich, seine Stelle zu ersetzen.“

Wunderbar, das greift ans Herz – und weiter heißt es dann, wie es zum Wichtigsten kommt: „Lass mich dich Bruder nennen. Es ist ein Name, der viel Namen in sich fasst. Nimm die letzte schöne Blume der Scheidenden mit treuem Herzen, nimm diesen Kuss – der Tod vereinigt alles.“

Ja, das ist es: „Lass mich dich Bruder nennen“ – Gibt es etwas, was darüber geht? „Bruder werden, Bruder sein“ ist *das* Versöhnende über alle Grenzen, wo das Geschlecht, der laute Tag, das äh – Brennen der Leidenschaften –, also alles abfällt und danach bloß das Hohe, Reine, Menschliche bleibt.

Goethe war ein Genie ... Ich bin keines ... Ich bin kein großer Dichter – eher ein mittlerer ...

Beim »Turm« habe ich mir zu viel vorgenommen, ja da nützt alles nichts, das ist die Wahrheit. Die Aufgabe war zu schwierig für mich.

Im »Turm« geht es darum, dass ein Vorderes, Greifbares existiert, eine Aktion in anschaulicher konkreter Form – und zugleich, dass etwas Höheres, Geistiges, Allgemeingültiges enthüllt wird. Dieses Doppelte darzustellen, ist mir leider halt nur teilweise gelungen. Reinhardt hatte wahrhaftig mit gutem Grund so viele Änderungswünsche. Aber ein absolut schlechtes Stück ist es nicht.

Einige haben das Zeitdrama erkannt in meinem »Turm« – die Tragödie, welche das Gestern, Heute und Morgen künstlerisch zu bewältigen versucht.

Nun, dass da eine Monarchie zerfällt – so wie die Herrschaft der Habsburger – ist leicht zu erkennen. Für die Krone des Königs habe ich ja eine Krone gewählt, die aus drei Kronen geflochten ist: Österreich, Ungarn und Böhmen – und im Schauspiel ist auch ein Krieg verloren worden, ein vierjähriger, analog zu 1914 bis 1918 ...

Gut, was soll's? Reinhardt hat das Stück abgelehnt, schlussendlich.

Und am 4. Februar im vorigen Jahr ist der »Turm« dann doch über die Bühne gegangen, halt *nicht* unter der Regie von Herrn Max Reinhardt – in München, an einem Theater zweiten Ranges – genau passend.

Es war eindeutig kein herausragender Erfolg, mit Recht. Ich hatte den letzten Akt vorschnell geändert oder mich auch zu schnell damit zufrieden gegeben ... Ich weiß nicht ...

Auf jeden Fall müsste der „Kinderkönig" wieder eingeführt werden – er symbolisiert ja die tröstliche Jugendbewegung, der die Zukunft gehören soll, sollte ...

Ach, die Arbeit am »Turm« scheint für mich, der Turmbau von Babel zu sein. Anscheinend wollte ich zu hoch hinaus – mein tollkühnes, ungerechtfertigtes Bestreben, mir einen großen Namen zu machen – mein eitles Verlangen, mich in den Olymp der unsterblichen Dichter zu erheben, wurde bestraft. Ja, die Uraufführung war eine Totgeburt ...

Nun, auch wenn einer als Dichter bekannt ist, so kennt ihn fast keiner so – wie er wirklich ist. Und kein Dichter wird bei seinen Lebzeiten wirklich erkannt, außer von Einzelnen. Keiner, ausnahmslos! Ja, was soll dann so ein armer österreichischer Dichter tun in dieser Situation? Darauf gibt es bloß *eine* Antwort: Sterben! Ja, „Sterben" heißt die Lösung ...

Ah, jetzt geht mir ein Licht auf – jetzt erkenne ich es, die unüberwindliche Schwierigkeit für mich beim »Turm«. Ich bin einfach nicht in der Lage eine schöne, frohe Zukunft anzukündigen, weil ich gar nicht daran glaube – *das ist es.* Wie soll ich von so etwas schreiben, wo ich doch der Meinung bin, dass die Zeit nach dem letzten Krieg bereits zur Zeit *vor* dem nächsten Krieg heranreift.

Genau, mich befremdet die politische Entwicklung in unserem Land, sie flößt mir Angst ein.

Das „Alte Österreich" ist tot – und das kann ich nicht überwinden. Ich werde es nie verschmerzen können, dass wir so klein und hilflos geworden sind. Die Zerstörung der Monarchie war wie ein persönliches Unglück für mich. In unserem früheren Staatengebilde haben Abend- und Morgenland sich noch gebend und nehmend durchdrungen. Das war der Nährboden für meine Schöpfungen. Jetzt sehe ich nichts als eine tiefe Krise alles Geistigen – ich spüre mit Bangigkeit den Anbruch einer abscheulichen Unmenschlichkeit ...

Bitte, vielleicht sehe ich es auch zu düster – aus dem Grund, weil ich zu alt bin, zu alt für eine neue Welt. Die Jugend ist anders geartet – sie ist einzig auf das Praktische aus – für Utopien und Träumereien besteht kein Verständnis mehr. Der Unterschied zwischen der Jugendzeit meines jüngeren Sohnes und der meinen ist unvorstellbar groß. Raimund kommt prima zurecht mit der neuen Zeit.

Der Franzl aber ist noch vollständig in der k. u. k. Zeit aufgewachsen – er hat die gute alte Zeit noch miterlebt. Der Franzl und ich sind zwei Fremdkörper – zwei Fremdkörper sind wir. Wir gehören nicht mehr in diese Welt.

V.

Wir saßen vorgestern am Samstag, wie gewohnt bei Tisch, ganz normal, meine Frau, ich und unsere beiden Söhne und aßen zu Mittag, nett und gemütlich – bitte, ich fühlte mich ein wenig unwohl, weil ein Gewitter in der Luft lag – aber ansonsten passierte nichts Aufregendes. Dann ging ein jeder auf sein Zimmer, ich versuchte ein kleines Schläfchen zu halten, aber da brach das Unwetter los – und der Tod kam in unser Haus.

Was ist das für ein Glockenläuten?
Mich dünkt, es kann nichts Guts bedeuten.
Der Schall ist laut und todesbang,
Schafft mir im Herzen Qual und Drang.
Was läuten Glocken zu dieser Zeit?
Und meine Lieben, sagt mir an,
Wer ruft so grässlich „Jedermann?

Jedermann – Hofmannsthal ...

... Mich hat der Tod schon zu Beginn des Jahres berührt, mit der Spitze seiner Sense, nicht allzu stark fühlbar – aber ich bin dadurch doch ziemlich gealtert – auch wenn mir die Gerty da widerspricht.

Mit fünfundfünfzig Jahren steht man bald an der Schwelle zum Greisenalter – so rasend wie die Jahre jetzt verwehen. Ja, ich bin stark gealtert, innen wie außen; die Organe lassen nach in ihrer Tätigkeit, das Gedächtnis ist schwächer geworden und außen, an der Oberfläche, zeigen sich mehr und mehr Falten. Die Gleichgewichtsstörungen überfallen mich immer häufiger. Scheußlich – da muss ich mich rasch flach auf den Boden legen, ehe mich der Schwindel zu Boden reißt ...

Von Mitte März an bis zum Mai musste ich das Bett hüten, so elend ging es mir.

Ich kann kaum noch arbeiten – in Hinkunft, nach dieser Tragödie wohl überhaupt nie mehr. Doch ich bin schon vorher einigermaßen unfähig gewesen zur Schriftstellerei, wenn ich ehrlich bin. Seit zwei Jahren etwa ist das Füllhorn der Glücksgöttin schon leer ...

Es geht bergab mit mir.

Mich erwartet nur noch Alter und Tod – eventuell auch langes Siechtum. Ekelhaft ist das. Am Ende wird man zum hilflosen Kleinkind – ist dabei aber nicht so bezaubernd und liebreizend. Man wird hässlich, abscheuerregend, abstoßend.

Nun, bis dahin hab ich zwar noch etwas Zeit, doch das Damoklesschwert hängt bereits über mir ...

Mein neuestes Leiden ist diese wachsende Angst vor jeder eigentlich unbedeutenden Aufgabe des Alltags. Mir fällt alles so beschwerlich; alles ist immens schwer zu bewältigen, jeder Brief, jedes harmlose Problemchen. Jede Kleinigkeit steht wie ein riesiger Berg vor mir.

Alles ist so übermäßig mühsam geworden für mich – besonders nun, nach dem schrecklichen Unglück mit dem armen Franz ... Jetzt entwickelt sie sich sicher noch ärger, diese wachsende Empfindlichkeit gegen alles und jedes in meinem Leben – dem Leben eines Müßiggängers ...

Ja, es stimmt schon: Das Leben eines Müßiggängers – ich hätte mehr Werke verfassen sollen.

„Sie schreiben überhaupt zu wenig, mein lieber Herr von Hofmannsthal!" lautet ja auch die Meinung von Herrn Doktor Strauss.

Meiner Seel, was der Strauss für einen gigantischen Wert auf seinen Titel legt. Das ist typisch für Leute, die niemals eine Dissertation verfasst haben, die Herrn *Ehren*doktoren ...

Für mein „Arabella-Libretto" kann sich der Herr Doktor „honoris causa" nicht erwärmen. Er wünscht sich ernstere Konflikte, er hat Bedenken, drei Akte lang eine – wie er sagt – „verlumpte Naivität" beim Komponieren durchhalten zu können. Ach, wie schon so oft, hat der Herr Doktor meinen Text nicht verstanden ...

Unlängst hab ich ihm wieder eine Umarbeitung geschickt – mein letzter Versuch. Ich mache mir jedoch keine allzu großen Hoffnungen – auch diese Zusammenarbeit wird sich zerschlagen.

Richard Strauss und Max Reinhardt – es war einmal, das *waren* einmal meine Freunde.

Bitte, besondere poetische Leistungen habe ich in letzter Zeit tatsächlich nicht vollbracht und sie sind auch voraussichtlich künftig kaum noch zu erwarten ...

Fast keiner will mehr neue schriftliche Erzeugnisse aus meiner Werkstatt. Ich werde vergessen werden.

Wenn ich als Jüngling gestorben wäre, da hätte ich eine runde Biografie gehabt, da wäre ich als göttlich verehrt worden – stünde da als ein Jünglingsbild von ewigem Reiz. Ja, einzig mein Jugendwerk wird von der Allgemeinheit geschätzt, ausnahmslos.

Einen Tag vor dem tragischen Todesfall habe ich den unterzeichneten Vertrag an den Piper-Verlag zurückgesandt, zu dumm, das war voreilig. Aber ich konnte doch nicht wissen ...

Es geht um einen großen historischen Roman. Wie soll ich das jetzt bloß noch schaffen?

Mir schwebte vor, Philipp, den Zweiten und Don Juan d'Austria in den Mittelpunkt zu stellen. Anfangen wollte ich mit der Schilderung, wie Kaiser Karl, der Fünfte, einen Knaben aufsucht.

Der Knabe ist natürlich Don Juan, sein unehelicher Sohn mit der bürgerlichen Barbara Blomberg ...

Ja, es wäre schon schön, wenn ich eine der imposantesten Epochen aus der Habsburger-Dynastie wiederauferstehen lassen könnte – aber ich fühle, mir fehlt die Kraft dazu.

Ich fühle mich sterbenselend ... todmüde bin ich ...

Ich schaff das nicht mehr.

Ja ja, in fürchterlicher Weis
Und laut und mächtiglich, nit leis
Ruft's ‚Jedermann' – und ‚Jedermann'!
Jetzt! Jetzt! Aufs neu, so hört doch an,
Wie streng sie rufen ‚Jedermann'!

Hofmannsthal – Hofmannsthal!

VI.

Die Ursache dieser unglückseligen Tat befindet sich in einer unerforschlichen Tiefe, in den Tiefen des Charakters und des Schicksals. Eine äußere Ursache war nicht …

Es liegt etwas unendlich Trauriges und unendlich Nobles in der Art, wie das arme Kind aus dem Leben gegangen ist. Mitten im heftigsten Gewitterdonner hat er sich in die Schläfe geschossen – wie aus Rücksichtsnahme – keiner konnte den Schuss hören. Sein Weggehen war dadurch unmerklich – still. Ja, dass passte zum Franzl. Er war ja auch im Leben oftmals still, er konnte sich nie genau mitteilen, verhielt sich meist schweigend …

Wenn er bloß irgendein Talent gehabt hätte – zum Malen oder Musizieren – ich hätte ihn gefördert. Er selbst beklagte ja seine geringen Fähigkeiten. Und so hab ich ihn mit achtzehn in die Lehre ins Bankhaus von meinem Freund Stephan von Auspitz gegeben. Der Bankierberuf hat eine gewisse Tradition bei uns, sowohl in meiner Familie, als auch in der Familie meiner Frau. Aber der Franzl kam nicht voran, er stieg nicht hoch auf der Karriereleiter.

Na, und da haben wir 1927 halt gleich beide Buben losgeschickt, nach Amerika, damit sie dort ihren Horizont erweitern oder vielleicht gar ihr Glück machen in der Neuen Welt. Zuerst gingen sie ja getrennte Wege, aber dann hing sich der Franz an seinen jüngeren Bruder an, in Hollywood, und später in New York. Während der Raimund überall reüssierte, erreichte der Franzl nichts – er jammerte bloß über sein Versagen. Der Raimund telegrafierte für ihn um Reisegeld. Aber ich wollte den Franz noch ein wenig drüben lassen, vielleicht konnten ihn die Triumphe seines Bruders doch noch anspornen.

Jedoch es half nichts, der Bub wurde krank, hatte Fieber, war völlig verzweifelt und ohne Hoffnung. Sobald er einigermaßen genesen war, schickte ich ihm die Rückfahrkarte, wohl auch aufgrund des entschiedenen Drängens von der Gerty …

Ja, und dann kam es zur Aussprache: Franz versuchte mir begreiflich zu machen, dass er überhaupt kein Interesse für das Bankwesen habe. Er wolle etwas anderes machen, etwas, das ihn wirklich interessiere –

Von der Ausseer Erfolgsschriftstellerin

Barbara Frischmuth

Ida und Ob

Überarbeitete Neuauflage, mit 6 Pferde-Postkarten

Für Leserinnen und Leser ab 8 Jahren | 160 Seiten

edition-o | ISBN 978-3-99022-000-9

Ida *muss* sich in ihren Ferien auf dem Reiterhof ihres Onkels in Ob erholen, obwohl sie zu Hause mit ihrem Freund Klumpfuß ganz wichtige Dinge zu erledigen hätte. Widerstrebend macht sie sich auf die Reise.

Die vielen Erfahrungen und Abenteuer, die sie mit den Menschen und Tieren auf dem Land nach und nach macht, lassen diese Ferien jedoch bald zu ganz besonderen Ferien werden.

er wüsste nur noch nicht was. Nach einer kleinen Ruhepause werde er bestimmt etwas finden. Momentan sei er aber durch seine schlechten Nerven und dadurch, dass er noch keine materielle Basis habe, einfach nicht imstande, sogleich wieder dieses aufreibende „Jobhunten“ anzufangen.

Na, bitte sehr, schön und gut – wir einigten uns schließlich auf das Hotelgewerbe, im Hotelfach sollte es der Franzl nun zu etwas bringen. Auf meine Vermittlung hin erhielt er in einem Hotel in der Inneren Stadt Arbeit. Doch obwohl er von ganz unten anfing und eigentlich niemandem beruflich im Wege stand, vertrieben in die roten Betriebsräte aus seinem bescheidenen Unterschlupf. Ich vermute, dass es ihm geschadet hat, mein Sohn zu sein; sie hielten ihn womöglich für einen Spion oder sonst was – was weiß ich.

Also, auf nach Berlin – ins Hotel Continental – als Hilfskraft. Von dort wechselte er ins Hotel Adlon, als Volontär beim Empfangschef. Aber in Berlin konnte sich der Franzl auch nicht lange halten und er ging nach Paris, in ein Luxushotel. Seine Aufgabe bestand dort im Großen und Ganzen darin, die Zimmer zu zeigen und zu versuchen, Einzelreisende zu einem Doppelzimmer mit Bad zu überreden. Auch nicht gerade eine erfüllende Tätigkeit. Damit kann man nicht zufrieden sein.

Und so kam er halt vor knapp zwei Wochen zerknirscht und deprimiert bei uns an. Wenige Tage zuvor war schon Raimund bei uns aufgetaucht – braungebrannt, übermütig, ein dünnes Stöckchen schwingend. Er hatte bei seiner Heimfahrt von Amerika noch einen Umweg über Südostasien gemacht. Seine Reiseschilderungen waren originell und herzerfrischend. Zwar hatte Raimund nicht gerade die Taschen voller Geld, aber er hat etwas sehr Wichtiges geschaffen, nämlich internationale Verbindungen.

Jawohl, er hat sich wacker geschlagen, der Raimund, war mit einflussreichen Leuten bekannt geworden. Er bewegt sich sicher und gewandt unter den „Oberen Zehntausend“, in der „High Society“. Der Raimund ist genauso kontaktfreudig wie die Christiane. Das war schon immer so bei den beiden. Trotzdem mochte Christiane den Franzl immer lieber – wahrscheinlich erweckte er ihre Mutterinstinkte …

Jetzt schreibe ich der Christiane, was sein muss, muss sein – ja, jetzt wird es gehen:

Liebe Tochter!

Unser armer Franz – Nein, ich kann doch nicht, noch nicht...

Zugegeben, vorgestern, bei besagtem Mittagmahle war ich schon etwas gereizt – eine derartige, aufreizende Gewitterstimmung macht mich einfach krank!

Und da habe ich so eine Bemerkung gemacht – wegen dem leidigen Geld; dass ich halt kein Krösus bin und nicht über unbeschränkte Geldmittel verfüge ...

Also, die Gerty hat versichert, dass ich nicht böse gewesen bin, nicht unwirsch. Ich habe halt bloß meine Meinung kundgetan. Mich trifft da keine Schuld. Man will ja seine Kinder schließlich zur Selbständigkeit erziehen. Ist doch verständlich ...

Aber der Raimund hat gemeint, dass der Franzl schon ein bisschen verzweifelt darüber war, dass er mir Sorgen bereite, weil er von mir erhalten werden müsse – er wisse ja nicht, wie lange es dauern wird, bis er wieder ein Einkommen hat.

Er wollte mir nicht zur Last fallen, der dumme Bub! Seinen Unterhalt konnte ich mir schon noch leisten und das hätte ich auch noch Jahre lang können ...

Habe ich mich schuldig gemacht – schuldig – am Tod meines Sohnes? Weil ich aus ihm einen unabhängigen Mann machen wollte? Einen Mann, der einmal seine eigene Familie hätte ernähren können ...

Nein, nein, das muss einen ganz anderen Grund gehabt haben, dass sich der Franzl umgebracht hat.

Kein Mensch kann sich vorstellen, wie sehr mir vor dem Nachmittag graut, vor dem Begräbnis ...

Ach, Gott wie graust mir vor dem Tod,
Der Angstschweiß bricht mir aus vor Not,
Kann der *die Seel im Leib uns morden?*

Hab immer doch in bösen Stunden
Mir irgendeinen Trost gefunden.
War nie verlassen ganz und gar,
Nie kein erbärmlich armer Narr ...

Ich *muss* zur Beerdigung. Das kann mir die Gerty nicht abnehmen. Ach, wie mir davor graut! Das wird schlimm – es wird mir das Herz brechen, wenn der Sarg meines Kindes in der Erde versinkt – und ich Erde nachwerfen muss, in dieses grauenhafte, dunkle Erdloch ... Entsetzlich!

Als sich Hugo von Hofmannsthal um 15 Uhr anschickte, zur Beisetzung seines Sohnes Franz zu gehen und er eben den Hut aufsetzen wollte, hörte er Glockenläuten von der nahen Kirche – und während die Glocken noch läuteten, wurde der Dichter vom Schlag getroffen. Kurz danach starb er.